景区园林

养护管理技术

主编　张永芝

河南科学技术出版社

· 郑 州 ·

本书编委会

主　　编： 张永芝

副 主 编： 袁　玮　王珠娜　魏媛媛　王　鹏　郭东峰

编写人员： 曹广信　代东华　董洪杨　董志德　葛刘盼

郭丽娟　韩新有　贺亚涛　贾秋红　蒋新建

李继光　李银娣　李　艳　梁丽娟　刘大广

芦　伟　吕爱连　马淑芳　马晓东　宋　帆

宋海燕　汤　川　王桂林　王宏建　王　权

王　蕊　王笑阳　徐彦彦　燕书兰　杨　雪

杨　阳　姚彦平　于　宏　袁　琳　岳　睿

张慧珍　张晓磊　张小志　赵俊勇　周　圆

前言

郑州·中国绿化博览园（简称“郑州绿博园”），是第二届中国绿化博览会的核心成果，国家 AAAA 级旅游景区，荟萃了国内外近百个不同地域的精品园林景观，植被种类多样，植物文化深厚，生态资源丰富。

自 2010 年开园以来，郑州绿博园一直秉持工匠精神，致力于园区园林养护与提升工作，将美丽的生态环境、优质的园林景观及丰富的植物资源等呈现给广大游客，充分地发挥出林业生态建设宣传窗口、践行生态文明理念宣讲台的作用。通过十几年不懈努力，郑州绿博园已基本实现“年年有变化，季季有看点，月月有花香，日日景不同”的园林景观效果。这是郑州绿博园园林工作者共同努力的成果，他们用勤劳的汗水滋润数十万棵小树苗壮成长为参天大树，并积累了丰富的园林养护管理实践经验。

为了将这宝贵的实践经验传承下去，使更多景区特别是人工建设景区能够有的放矢地开展园林养护管理工作，少走或不走弯路，同时帮助新入行人员快速提升实践本领，郑州绿博园特组织编写《景区园林养护管理技术》一书。本书由一线园林养护人员组成编写团队，以专业理论为支撑，历经调查分析、实践总结、专题研讨及反复推敲等阶段，全面地将园林养护管理实践经验进行了系统化梳理和归纳总结。本书编写内容有景区园林植物土水肥管理、景区园林植物整形修剪、景区植物病虫害防治、景区园林植物调整栽植与养护、景区草坪的建植与养护、景区花海营造与养护、景区植物引种驯化、古树名木保护管理、景区园林自然灾害防治及园林垃圾资源化处理等景区常见园林养护管理工作。

本书具有创新性、适用性及实用可操作性，内容丰富扎实，语言简练易懂，是中原地区广大园林爱好者的实用教材，也非常适合基层管理者和专业技术人员在开展技术指导时参考，在提高园林养护管理工作效率、增强美化园林景观效果、提升园林艺术价值及生态效能等方面均具有积极促进作用，对于景区维护良好游憩环境、提升对外展示形象、发挥绿化最大效益、加快高质量发展步伐等具有重要意义。

由于编者水平有限，书中如存在错漏等不尽如人意之处，敬请广大读者理解并给予批评指正。

编者

2023 年 5 月

目 录

第一章　景区园林植物土水肥管理

为了保证园林植物能够健康生长并发挥出应有的功能和效益，必须根据植物的生长习性和特点，科学地进行土水肥管理，为植物创造良好的生长环境，满足其生长发育需求。景区园林植物土水肥管理工作主要包括土壤管理、水分管理和施肥管理。

第一节　园林植物的土壤管理

土壤是植物生长的基础，是水分、养分供应的基质，也是许多微生物活动的场所。土壤的好坏直接关系到植物能否正常生长发育，能否抵抗各种不良环境干扰等。景区养护人员要充分了解土壤性质，通过松土除草、施肥、灌溉和排水等技术措施，有效改善土壤理化性质，保证植物健康生长。同时结合园林地形地貌施工，做好土壤管理，既减少水土流失和防止尘土飞扬，又起到美化园林景观的效果。

一、土壤管理的意义

根据多年的园林绿化养护实践经验，养护工作必须先从土壤入手。做好土壤管理，一是可以有效切断表层与底层土壤的毛细管联系，减少土壤水分蒸发；二是可以有效改善土壤的透气性，加速有机质的分解和转化，提高土壤的综合营养水平；三是可以有效调节土壤温度、减少地表径流、减少杂草生长等，为植物生长创造良好的环境条件；四是可以有效保水保肥，扩大根系吸收范围，促进侧根和须根的发育；五是可以有效排除杂草和灌木对水、肥、气、热、光的竞争，避免杂草、灌木和藤蔓等植物对其他植物的为害；六是可以有效满足不同植物对土壤的要求，如喜酸性的树木种植土应保持酸性，耐水湿的树木应栽植在湖边、河边或湿地。

二、土壤管理的措施

土壤管理的措施主要有土壤改良、松土除草和地面覆盖等。

（一）土壤的概念

1. 土壤分类 根据土壤质地结构可分为沙土、黏土、壤土三个类别。质地是决定土壤蓄水、蓄肥、保温、导热、透水和可耕性等性质的重要因素。因此，不同质地的土壤其肥力特征和生产性状有很大差异。

（1）沙土：透气性良好，水分容易流失，抗旱能力弱；其养分含量低，保肥能力差，但施肥见效快；升温降温快，昼夜温差大。

（2）黏土：保水能力强，但通气透水性差，易受涝害；其保肥能力强，肥料不易流失，肥效较长，但施肥后见效慢，肥效常不显著。

（3）壤土：壤土介于沙土和黏土之间，兼有二者的优点，在很大程度上避免了二者的缺点，是较为理想的土质类别，在绿化生产和绿地建植中，过沙或过黏的土壤质地往往都需要改良。

2. 土壤质地鉴别方法

（1）沙土：沙土手握最明显的感觉是松散，即使是湿的土也不能握成团，手握一大把土用力捏，土粒就会顺着指缝漏出。

（2）黏土：黏土的手感较黏，用力捏一把土，丢掉以后手上会糊满泥巴，不像沙土那样一丢手上基本就干净了。

（3）壤土：壤土的手感较软，如果是相对湿度在35%左右的壤土，用手一捏会成团，不会从手指缝中漏出。松开手轻轻一抖，土团立刻就散开了。

（二）土壤改良

1. 质地改良 质地是土壤主要物理性状之一。土壤过黏会引起板结，造成通气透水性差、土温低等现象，易导致植物烂根；过沙则会引起漏水、漏肥现象，易导致干旱缺肥。因此，壤土更适合植物生长。质地改良常用的方法有深翻熟化、施有机质、黏压沙或沙压黏等。

（1）深翻熟化。景区日常养护时，常将深翻与施肥灌溉同时进行，可促使土壤团粒结构形成，增加孔隙度，提高微生物活性，加速土壤熟化，使难溶性营养物质转化为可溶性养分，从而提高土壤肥力，促进植物生长。

深翻土壤一般要在植物定植前完成，深度因地、因树而异，一定范围内翻得越深效果越好。具体如下：栽植乔木一般深度为60～80cm，灌木为40～60cm，地被植物为20～40cm。

（2）施有机质。有机质是一类含有大量黏粒、胶粒和纤维素的肥料。目前，土壤改良效果较好的有机质有粗泥炭、堆肥和厩肥等。施入有机质，可提高沙性土壤保水保肥能力，提高黏性土壤通气透水性。

新鲜有机质在腐熟过程中会释放大量氨气及热量等，易损伤树根，因此有机质在施用前应充分腐熟。

（3）黏压沙或沙压黏。对于过黏的土壤，施用有机肥时可掺入相当于原有土壤 1/3 体积的粗沙，除粗沙外，还可掺入陶粒、蛭石、珍珠岩、草木灰等。对于沙性太重的土壤，可结合有机肥施入适量的黏土或淤泥，以增加土壤黏性。

2. 酸碱度调节　植物对土壤酸碱度具有一定的适应性，且不同植物生长最适酸碱度范围存在一定差异，过酸、过碱都不利于树木生长。如碱性环境易引起植物发生黄化病；微碱性环境易导致病原菌生长，使樱花、月季、菊花等植物发生根癌病。

土壤酸碱度不在树木生长最适范围，就需要进行人工调节。具体常用方法如下：

方法一：降低土壤 pH 值。

（1）高活性腐殖酸：有机质分解释放的有机酸可以中和土壤中的碱性物质，降低土壤的碱性。此外，腐殖质可有效改良土壤的物理性能，增强团粒结构，提高土壤肥力（图 1–1）。

图 1–1　高活性腐殖酸

施用方法及用量：

①均匀撒施于行间地表，旋耕于地表下 15cm 左右或锄地覆盖，施肥后浇水。

②同农家肥、复合肥等肥料适量混合，进行穴施、沟施、水施。

③在整个生长季节均可施用，多以春、秋两季施用肥效更好。用量一般为每亩地 40 ~ 60kg（具体用量视树体大小及特性而定）。

（2）硫酸亚铁：硫酸亚铁一般都是颗粒合剂，需要进行兑水溶解制作成硫酸亚铁溶液后再进行灌施。浓度宜低不宜高，水与硫酸亚铁比例宜低于 1 000 倍，浓度过高易造成土壤酸化或烧根（图 1–2）。

（3）硫黄粉：撒施入土壤中，经微生物分解与土壤中无机矿物质的化学反应，可增加土壤的酸度，降低其碱性。特点是见效慢，但效果最持久（图 1–3）。

图 1–2　硫酸亚铁

图 1–3　硫黄粉

施用硫黄粉量的具体计算方法如下：当沙土检测的 pH 值高于 6.5 时，每 100m^2 降低 0.1 个 pH 值单位，需施硫黄粉 0.367kg；当壤土的 pH 值高于 6.5 时，每 100m^2 降低 0.1 个 pH 值单位，需施硫黄粉 1.222kg。

硫黄粉的施用方法：将硫黄粉按所计算施用量均匀撒到计划改良区域后，人工或机械深翻 30cm 左右，使硫黄粉与土壤混拌均匀。

方法二：提高土壤 pH 值。

（1）石灰：对于酸性过大的土壤，可每年每亩施入 20 ~ 25kg 的石灰（一般用熟石灰），且施足农家肥。切忌只施石灰不施农家肥，否则土壤会变黄变瘦。在播种或栽植前 1 ~ 3 个月施用为宜（图 1–4）。

（2）草木灰：一般每亩施入 30 ~ 50kg 草木灰，可以中和土壤酸性，更好地调节土壤的水肥状况（图 1–5）。

图 1-4　熟石灰

图 1-5　草木灰

（三）松土除草

为保持绿地环境整洁，提高土壤水肥利用率，减少病虫害，增强景观效果等，要及时进行松土除草工作。具体操作要点如下：

（1）松土除草宜在雨后或灌溉后的晴天进行。

（2）松土深度一般控制在 3～5cm，过深则会伤害根系，同时要将杂石、建筑垃圾等随产随清。

（3）除草要掌握“除早、除小”的原则，杂草滋生初期，植株矮小且根系较浅，易于清除。

（四）地面覆盖

目前，使用最多的地面覆盖物主要有两种：一是无机覆盖物，如沙砾、卵石、煅烧陶粒等（图 1-6）；二是有机覆盖物，来源大多为农林废弃物，如树皮、松针、草屑、园林废弃物等（图 1-7）。

图 1-6　无机覆盖物

有机覆盖物作为一种新兴的覆盖材料，具有以下优势：一是覆盖物可以作为很好的土壤保护带，降低土壤水分蒸发量，提高土壤保墒能力；二是可以有效地抑制杂草生长，减少杂草生长给苗木带来的不良影响；三是覆盖物可吸附扬尘，降低地表风速，吸滞粉尘，防止二次扬尘，环保节能。

图 1–7　有机覆盖物

铺设有机覆盖物时应注意：

（1）铺设厚度不宜太薄，至少应在 3cm 以上，后续根据情况补充。

（2）覆盖物应略低于树池、花坛等外边框，避免覆盖物散出。

（3）考虑成本因素，可以优先选择普通型的树皮覆盖物。

第二节　园林植物的水分管理

根据园林植物全年不同物候期的需水特点、气候特点和土壤含水量等情况，采用适宜的水分管理措施，可以有效保证植物正常生长发育。植物水分管理主要是灌溉和排水。

一、灌溉

灌溉是补充园林植物生长所需的土壤水分，以改善其生长条件的技术措施。利用人工的方法或机械的方法以不同的灌水形式，补充园林绿地的土壤水分，满足植物的水分需求。

（一）基本要求

1. 根据植物生物学特性进行浇灌　例如油松、圆柏、侧柏等针叶类树种，对水分需求相对较低，其灌水次数较少，同时还应注意及时排水；垂柳、水松、水杉等喜湿润土壤的树种，应注意增加灌水次数，对排水则要求不高；旱柳、乌桕等对水分条件适应性较强的树种，既耐干旱，又耐水湿，对灌溉、排水要求不高。

2. 根据植物不同物候期需水量进行浇灌　在树木生长年周期中，一般应保证生长初期到生长盛期的水分供应，以利于植物生长与开花结果；生长后期（休眠期）则应控制水分，以利于树木及时停止生长，适时进行休眠，为越冬做准备。

3. 根据土壤质地不同进行浇灌　黏土等保水能力较好的土壤，单次灌水量应大一些，间隔期可长一些；沙土等保水能力差的土壤，要做到“小水勤浇”，节约水资源。

（二）不同灌溉时期及注意事项

1. 早春灌溉　春季到来，园林植物随着天气回暖开始萌动生长，进入返青阶段，对于水分的需求越来越大。同时，随着气温逐渐升高，水分蒸发量逐渐增大，加之整个冬季对水分的消耗，常常会出现“春旱”现象。因此，及时浇灌返青水对于保证植物健康生长非常重要。

（1）浇灌返青水的适宜气温。返青水浇灌适宜气温应在 0～5℃。此时冻土层已经化开，园林植物可以吸收利用返青水。此外还要根据土壤墒情确定灌溉事宜。

（2）注意事项。

①返青水要保证浇透。由于经过一个冬天的水分消耗，土壤基本上处于一种极度缺水的状态，如果返青水没有浇透，会导致植物根系得不到充分的水分，从而影响植物长势甚至死亡。

②不同植物浇水次数不同，浇水次数主要取决于植物的生理特性。深根系乔木类植物（例如银杏、白皮松、白杨等），在生长时可以吸收利用深层土壤中的水分，因此每年春季浇一次透水，就能满足植物春季正常生根发芽所需水分；对于绿篱、宿根花卉等浅根系植物（例如大叶黄杨、紫薇、丝兰等），由于春季风多水少，浅层土壤中水分流失较多，因此每年春季需多次灌溉，以满足植物春季正常生长所需水分。

对于草坪，早春要及时浇水，后期应合理控水。早春时期中原地区冷季型草坪根系活动较早，如果不及时浇灌返青水，很有可能会因地表水分蒸发及草坪草生长所需水分的双重压力，而在短时间之内出现干枯死亡现象。因此，草坪类植物在早春应及时浇灌返青水。

另外，草坪草在春季后期要合理控水，避免因浇水频繁而出现“只长叶，不长根”等不利于草坪草健康生长的现象。因此，在浇灌返青水之后，只要草坪草未出现明显的缺水现象，应尽量少浇水，这样才有利于草坪草根系的深扎。

2. 夏季灌溉 夏季气温高，水分蒸发快，土壤易缺水。植物受旱时要及时浇水，浇水量应根据土壤状况和降水量确定。夏季浇灌要点：

（1）灌木类植物根系浅，需水量较大，而乔木类植物需水量少于灌木类。

（2）对于生长迅速的植物，要保证供水充足，特别是保水力差的沙质土壤更要多浇水。

（3）新种植的苗木要浇足定植水，之后根据土壤墒情进行合理浇灌。

（4）天气持续高温易引起干旱，应及时对新栽或不耐干旱植物进行叶面喷水、抗蒸腾剂，或根部灌水。

（5）对于不耐水淹植物，如肉质根类、针叶类等，土壤长期积水易引起烂根甚至植株死亡现象，养护过程中适当干旱有助于其生长。

3. 秋季灌溉 随着气温的下降，植物生长逐渐减慢。秋季灌溉应在满足植物正常生长的前提下，尽量延长浇水时间间隔，减少浇水次数，促进植物组织生长充实和枝梢充分木质化，加强抗寒锻炼。但对于结果植物，在果实膨大时，依然要加强灌溉。

4. 冬季灌溉 冬季，中原地区严寒多风。为了防止植物受冻害或因过度失水而枯梢，在土壤冻结前应进行适当灌溉，俗称浇灌“封冻水”。封冻水浇灌后，随着气温下降土壤开始冻结，土壤中的水分结冰释放出潜热，使土壤温度、近地面气温有所回升，从而提高植物的越冬能力。

（1）封冻水浇灌时间。以当地天气预报温度为准，最低气温降到0℃时及时浇水，这个时间段的土壤温度一般在3℃左右，不会造成根部受冻。

（2）注意事项。

①封冻水在浇灌当天要尽量渗完，土壤表面不能留有积水，避免在夜晚土壤表层出现结冰现象而不利于苗木防冻。

②浇封冻水后，待地面发干时，应及时中耕划锄，以利于防寒保墒，

安全越冬。

5. 植物移栽后灌溉 植物移栽、定植后的灌溉与成活关系很大。苗木栽种好后，第一次水在移栽当天就要浇透，称为定根水。浇后如果出现土壤下沉应及时填土，直到泥土不再下沉为止，否则会出现根系悬空与土壤不密接现象，易造成苗木死亡。移栽后 3 天浇第二次透水，10 天内再浇第三次透水，后期根据土壤、天气和不同树种等实际情况进行浇水，每次浇水后都应注意整堰，填土堵漏。

（三）植物缺水和浇透水判断方法

1. 土壤缺水判断方法

（1）查看土壤颜色及状态进行判断。如果表面土壤颜色变淡，变成灰色，或者有细微的龟裂，说明土壤水分可能不足，需进一步判断，若缺水应及时浇灌。如果土壤颜色比普通颜色深或呈褐色，则表示没有缺水。

（2）通过取土进行判断。取地表以下 10cm 土壤拿出来捏搓，通过土壤手感及粉状程度来判断其干湿情况。如果土壤较硬或者粉末状严重，表明缺水，立即浇水；相反，土壤成团表明较湿，暂不浇水。

（3）通过观察植物状态进行判断。植物出现叶片萎蔫、老叶发黄的症状多数情况是缺水造成的，但要结合气候及土壤状况进行综合判断。

2. 浇透水判断方法 生产上根据实践经验，对土壤性质的了解及浇水量判断水是否浇透。此外，也可使用土壤水分检测仪辅助判定土壤含水量。

（四）灌溉方法

灌溉方法很多，应以节约用水、提高利用率和便于作业为前提。常见方法如下：

1. 围堰灌水 围堰灌水是以干基为圆心，在树冠投影以内的地面筑埂围堰，形似圆盘，埂高 10cm 左右，灌水；待水渗透完后，铲平围堰，以免影响景观。此方法优点是用水比较集中、节省水；缺点是灌水范围较小，远离树干的根系可能吸收不到水分。多适用于平地树木的灌溉，尤其是行道树、孤植树、稀疏栽植的树木，以及新植树和大树（图 1–8）。

2. 喷灌 喷灌是用输水管道和喷头模拟人工降雨，用水枪或水管对树冠喷水也属于喷灌。优点是较节水，特别是在沙质土壤上节水更多；基本上不破坏土壤的结构，较少产生地表径流；能调节林地小气候，减轻高温、干热风对树木的伤害（图 1–9）。

图 1–8　围堰灌水

图 1–9　喷灌

3. 地下灌溉　地下灌溉是利用埋在地下的多孔管道输水，水从管道孔眼中渗出，浸润管道周围的土壤。优点是不易流失或引起土壤板结，便于耕作，节约灌水。

4. 暗穴灌溉　暗穴是以干基为圆心，在树冠垂直投影以内地面挖穴，形似圆盘，盘深 5 ~ 10cm，保持树穴边缘垂直整齐。景区常使用暗穴，可更有效地收集雨水，达到实现蓄水保墒的目的，从而增强植物根部通透性和抗病虫害能力，而且具有较好的观赏性（图 1–10）。

图 1–10 暗穴灌溉

二、排水

排水是在雨水偏多时期或地势低洼且灌溉浇水过多而植物又不耐涝时及时排出水分，以防出现涝害。在坡地上通常不必过多考虑排水问题。排水主要方法如下：

（一）明沟排水

明沟排水是当发生暴雨或阴雨连绵积水很深时，在不易实现地表径流的绿化地段，挖一定坡度的明沟来进行排水的方法。沟底坡度以 0.1%～0.3% 为宜。景区中，明沟注意景观化处理。

（二）暗沟排水

暗沟排水是在地下铺设暗管或用砖石砌沟排出积水的方法。对于积水严重的地方，还可以在绿化前挖深沟，沟底略倾斜，低的一头有出口，沟中铺 20～30cm 厚卵石、炉渣等材料，最后用土壤将沟填平，形成暗的沥水沟。优点是对地面无影响，缺点是工作量较大，排水效果比明沟要差。

（三）地面排水

地面具有一定坡度，一般控制在 0.1%～0.3%，不留坑洼死角，保证雨水能从地面顺畅地流到下水道、河、湖等。这是园林绿化工程常用的排涝方法，既节省费用，又不留痕迹。

（四）机械排水

利用水泵等动力设备，将积水排出地表。

第三节 园林植物的施肥管理

园林植物在生长过程中需要大量营养元素来满足自身正常生长。一般土壤营养元素含量有限，因此在园林植物养护管理过程中需要施用肥料，以帮助植物正常生长。

一、施肥原则

1. 根据园林植物种类合理施肥 不同种类的园林植物习性各异，需肥特性有别。例如复叶槭、法桐、枫杨、白蜡等生长速度快、生长量大的树种比龙柏、油松等慢生耐贫瘠树种需肥量大；开花结果多的大树较开花结果少的小树需肥量大；树势衰弱的树木也应多施肥。不同植物施用的肥料种类也不同，如喜酸性植物杜鹃、山茶、绣球等应施酸性肥料，幼龄针叶树不宜施用化学肥料。

2. 根据植物生长发育阶段施肥 植物在不同的生长阶段需要的营养元素是不同的，它的整个生长期均需要氮肥，但需要的量不同。新梢从生长初期到生长盛期需氮量逐步提高，新梢生长结束需氮量又大幅度降低，此时可多施磷肥，有利于植物体内营养物质积累，促使芽迅速分化成花芽。在树木开花、坐果和果实发育时期，增施钾肥尤为重要，它能加强植物的生长和促使花芽分化。到了树木生长的后期，对氮肥和水分需求一般很少，应该控制施肥和浇水。

3. 根据园林植物用途施肥 施肥方案应根据园林植物观赏特性及用途而定。一般来说，观叶植物需要较多的氮肥，而观花、观果树种对磷钾肥的需求量大。

4. 根据土壤条件施肥 土壤厚度、水分、有机质含量、酸碱度、结构等均对园林植物施肥有很大影响。例如土壤水分缺乏时，施肥会造成肥料浓度过高，产生肥害；积水或多雨时又容易使养分被淋洗而流失，降低肥料利用率；土壤酸碱度会影响营养元素的溶解度，如在中性或碱性条件下铁、硼、锌、铜等元素不易溶解，有效性降低，反而钼元素的有效性随碱性提高而增强。

此外，还需考虑植物越冬等其他因素，盲目强加施肥量和追肥次数，会造成树木贪青徒长，低温到来时，造成冻害。

二、肥料的种类

根据肥料的性质及使用效果，园林植物用肥分为有机肥料、无机肥料、微生物肥料三大类。

1. 有机肥料　有机肥料是指含有丰富有机质，既能提供植物多种无机养分和有机养分，又能培肥改良土壤的一类肥料。常用的有机肥料有堆沤肥、饼肥、鸡粪、绿肥、腐殖酸类肥料等。虽然不同种类有机肥的成分、性质及肥效各不相同，但因其含有丰富有机质，可有效改良土壤，提高土壤供肥能力。特点是见效慢、持续时间长，常作基肥用（图 1–11）。

2. 无机肥料　无机肥料由物理或化学工业方法制成，其养分形态为无机盐或化合物，又被称为化肥、矿质肥料，还有些有机化合物及其合成产品，如硫氰酸化钙、尿素等，也常被称为化肥。无机肥料种类很多，按植物生长所需营养元素种类，可分为氨肥、磷肥、钾肥、钙肥、镁肥、硫肥、微量元素肥料、复合肥料、草木灰、农用盐等（图 1–12）。

图 1–11　有机肥料

图 1–12　无机肥料

无机肥料大多属于速效性肥料，供肥快，能及时满足园林植物生长需要。因此，无机肥料一般以追肥形式使用。此外，无机肥料还有养分含量高、施用量少的优点，但其只能供给植物矿质养分，一般无改良土壤作用，养分种类也比较单一，肥效不能持久，而且容易挥发、淋失从而降低肥料的利用率。

3. 微生物肥料　微生物肥料也称生物肥、菌肥及接种剂等。确切地说，微生物肥料是菌而不是肥，因为它本身并不含有植物需要的营养元素，而是含有大量的微生物，通过这些微生物的生命活动，来改善植物的营养条件。依据生产菌株的种类和性能，生产上使用的微生物肥料大致有根瘤菌肥料、固氮菌肥料、磷细菌肥料及复合微生物肥料等（图 1–13）。

图 1–13 微生物肥料

根据微生物肥料的特点，使用时需注意：一是使用菌肥时要满足一定的客观条件才能确保菌种的生命活力和菌肥的功效，如强光照射、高温、接触农药等均可能会杀死微生物，如固氮菌肥要在土壤通气条件好、水分充足、有机质含量略高的条件下，才能保证细菌的生长和繁殖；二是微生物肥料一般不宜单施，要与无机肥料、有机肥料配合使用，才能充分发挥其应有的作用。

三、施肥方式

在对园林植物进行施肥时，一般有两种施肥方式：一种是基肥，一种是追肥。基肥施用时期要早，追肥要巧，基肥多施，追肥少施。

1. 基肥

（1）施用时期。基肥一般在园林植物生长期开始前施用，通常有栽植前基肥，秋季（晚秋）或春季基肥。

秋施基肥，以秋分前后施入效果最好，此时正值根系又一次生长高峰，伤根植物更易愈合，并可发新根；有机质腐烂分解的时间也长，可及时为翌年园林植物生长提供养分。

春施基肥，一般在植物生长萌芽前，有利于疏松土壤，提高土壤孔隙度，改善土壤中水、肥、气、热状况，从而有助于微生物活动，而且还能在相当长的一段时间内源源不断地供给园林植物所需的大量元素和微量元素。

在日常园林养护工作中，一般以秋施基肥为主。

（2）基肥用量。基肥用量需要根据土壤理化性状、植物品种和肥料种类等因素确定。沙质土要多施，黏质土要少施；喜基肥的花木要多施，反之要少施。一般每亩施厩肥 3 000 ~ 4 000kg 或饼肥 2 000 ~ 3 000kg。

2. 追肥

（1）追肥时期。追肥又称补肥，根据园林植物一年中各物候期特点来施用，一般多用速效性无机肥。与基肥相比，追肥次数较多，但一次性用肥量较少。对于花灌木、庭荫树、行道树及风景树等，每年在生长期追肥 1～2 次。植物缺素时应及时追肥。

具体追肥时期与园林植物的种类、品种、树龄等有关，要依据各物候期特点追肥。对观花、观果植物而言，花芽分化期追肥与花后期追肥比较重要，而对于开花较晚的花木如牡丹、锦带等，这两次肥可合二为一。由于花前期追肥和花后期追肥常与基肥施用时期相隔较近，条件不允许时则可以省去，但对于花期较晚的花木类如牡丹等，开花前必须保证追施一次。

（2）追肥注意事项。

①土壤的酸碱度对植物的影响非常大。在酸性条件下，有利于硝态氮的吸收，而中性和微碱性的土壤，有利于铵态氮的吸收。

②秋季花木生长缓慢，应以磷钾肥为主，促进花木根系生长、植株健壮并提高抗性。

③施肥后，应及时适量灌水，使肥料渗入土内，利于植物吸收。

四、施肥的方法

施肥方法分为两大类，分别是土壤施肥和根外施肥。

（一）土壤施肥

现将生产上常见的土壤施肥方法举例如下：

1. 全面施肥　全面施肥分撒施与水施两种。撒施，将肥料均匀地撒布在园林植物生长的地面，然后再翻入土中（图 1–14）。水施，主要与灌溉结合，

图 1–14　撒施

施肥后及时灌水。水施供肥及时，肥效分布均匀，既不伤根系，又保护耕作层土壤结构，节省劳力，肥料利用率高。

2. 沟状施肥 沟状施肥包括环状沟施、放射状沟施和条状沟施，其中以环状沟施较为普遍。

环状沟施是在树冠垂直投影外围稍远处挖一条宽 30～40cm，深 30～60cm 的环状沟进行施肥。它具有操作简便、用肥经济的优点，但易伤水平根，多适用于园林孤植树（图 1–15）。

图 1–15 环状沟施

放射状沟施是在树冠下，距主干 1m 以外处，顺水平根生长方向放射状挖 5～8 条施肥沟，宽 30～50cm，深 20～40cm，将肥施入。放射状沟施较环状沟施伤根要少，但施肥部位有一定局限性。

条状沟施是在园林植物行间或株间开沟施肥，多适用于苗圃里的园林植物或呈行列式布置的园林植物（图 1–16）。

图 1–16 条状沟施

3. 穴状施肥 穴状施肥与沟状施肥很相似，将沟状施肥中的施肥沟变为施肥穴或坑就成了穴状施肥，栽植前的基肥施入，实际上就是穴状施肥。生产上，以环状穴施居多。

施肥时，施肥穴沿树冠在地面垂直投影线附近分布，施肥穴可呈同心圆环状向外发散布置 2 ~ 4 圈，内外圈中的施肥穴应交错排列，该种方法伤根较少，而且肥效较均匀。

4. 打孔施肥 打孔施肥是指通过打孔设备在树穴四周斜打 4 个 30 ~ 50cm 深的孔洞并施入复合肥，这不仅使肥料直接作用于树木根系，促进根系吸收，减少浪费，而且能改善土壤的通透性。

（二）根外施肥

根外施肥包括叶面施肥和枝干施肥。

1. 叶面施肥 把化学肥料按一定浓度制成水溶液直接喷到叶片上，特点是追肥肥效快、吸收率高（图 1–17）。

叶面施肥浓度要适宜，若浓度过小，吸收量小，对植株的肥效低；若浓度过大，会烧伤叶片，影响植株正常生长。一般来讲，尿素施用浓度为幼苗期0.1% ~ 2%，壮苗期 0.3% ~ 1%；磷酸二氢钾施用浓度为 0.1% ~ 3%；硼砂施用浓度为 0.1% ~ 3%。

图 1–17 叶面施肥

叶面施肥多在追肥时使用，在缺水季节或不便施肥的地方也可采用此法。该方法对于解决园林植物的缺素症也较有效。

生产上还可与病虫害防治结合进行，但喷雾液浓度至关重要，浓度控制上应遵循宁淡勿浓的原则，喷施前需做小型试验，确定不会引起药害或肥害后，方可大面积喷施。

2. 枝干施肥 枝干施肥主要有涂抹和枝干注射两种方法，通过园林植物枝、茎的韧皮部来吸收肥料营养。园林绿化上一般常用枝干注射法。枝干注射是用专门的仪器注射枝干，再将营养液针管插入木质部，营养液悬挂在树体上（图 1–18）。

图 1-18　枝干施肥

（三）注意事项

（1）有机肥料要充分发酵、腐熟，切忌施用生肥。

（2）无机肥料必须完全粉碎成粉末，不宜成块施用。

（3）基肥因发挥肥效较慢，应深施；追肥肥效较快，则应浅施，以供园林植物及时吸收。

（4）景区在选择肥料和施肥方法时，应考虑到不影响园林景观和环境卫生，散发臭味的肥料不宜施用。

五、植物缺素症

植物缺素症是指植物因缺乏某种必需营养元素而出现生理病症。植物虽然外表不表现出某种缺乏症，但植株本身抗性因营养元素不足而下降的现象，称为营养元素潜在性缺乏（图 1-19）。

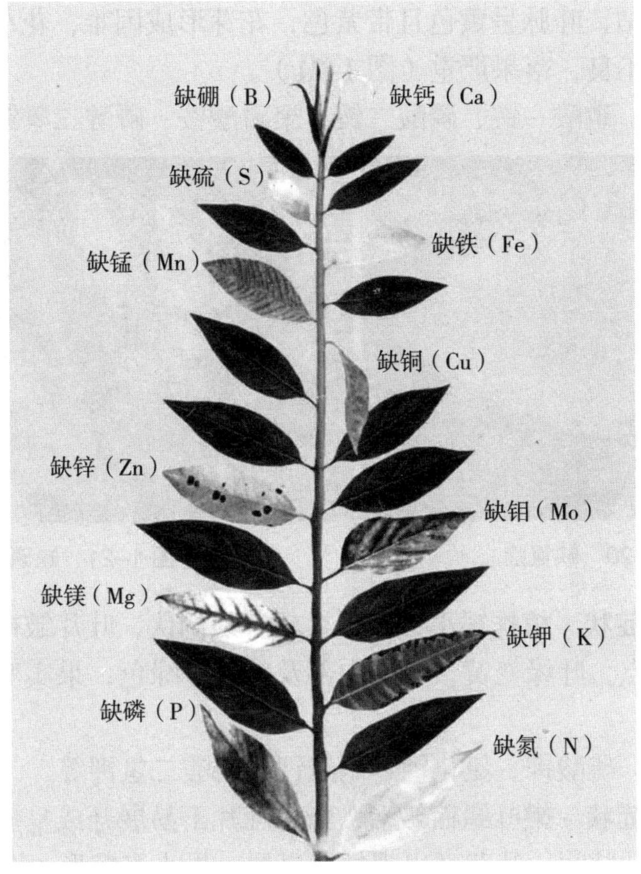

图 1–19　缺素症示意图

（一）缺素症病因

1. 土壤贫瘠　由于受成土母质和有机质含量等影响，土壤中某些种类营养元素的含量偏低。

2. 不适宜的土壤 pH

3. 营养元素比例失调

4. 不良的土壤性质

5. 恶劣的气候条件

（二）缺素症特征

1. 缺氮的症状　植株瘦弱，叶色呈黄绿色，枝条细长且发硬，长势衰弱，生长速度缓慢（图 1–20）。

常见氮肥：尿素、氯化铵、硫酸铵、改性硝酸铵等。

2. 缺磷的症状　叶色由深绿色变淡绿色进而变紫铜色，叶小而少，严重缺乏时，叶焦枯，叶脉呈黄色且带紫色，花芽形成困难，花小量少，花色清淡，果实发育不良，落果严重（图 1-21）。

常见磷肥：磷酸一铵、磷酸二铵、聚磷酸铵、磷酸二氢钾等。

图 1-20　缺氮症

图 1-21　缺磷症

3. 缺钾的症状　植株矮小，茎秆柔软容易倒伏，叶片皱褶，老叶通常叶边出现褐色斑点，叶缘变黄，叶的中部及叶脉呈绿色，果实变小，果皮变薄（图 1-22）。

常见钾肥：硫酸钾、氯化钾、硝酸钾、磷酸二氢钾等。

4. 缺钙的症状　嫩叶绿而皱褶，新生叶片不易展开或呈病态扭曲，叶片从叶缘褪色至叶脉间，叶黄区出现枯腐斑驳，果小多畸形（图 1-23）。

常见钙肥：硝酸钙、硝酸铵钙、螯合钙、复合糖醇螯合钙等。

图 1-22　缺钾症

图 1-23　缺钙症

5. 缺铁的症状　新生叶片较薄，从叶脉开始黄化直至全叶片，根系发育不正常，枯梢，果实色淡（图 1-24）。

常见铁肥：硫酸亚铁（七水）、螯合铁、柠檬酸络合铁等。

6. 缺镁的症状　成熟叶片从中脉平行处开始褪绿，并逐渐扩展，严重时落叶，果实色淡（图 1–25）。

常见镁肥：硫酸镁、螯合镁肥、糖醇螯合钙镁肥等。

图 1–24　缺铁症

图 1–25　缺镁症

7. 缺硼的症状　新叶叶柄有水渍斑点，呈半透明状，落花、落果严重，成熟果有畸形（图 1–26）。

常见硼肥：硼砂、四水八硼酸钠、硼酸、糖醇流体硼、硼镁肥等。

图 1–26　缺硼症

（三）缺素症防治方法

（1）科学使用肥料，根据不同植物的生理特性，制定不同的施肥方案。

（2）当植物出现缺素症时，应先辨别缺乏哪种元素并及时补充相应的肥料。

第四节 景区常见植物的土水肥管理要点

一、银杏

银杏又名白果树、公孙树，为银杏科银杏属落叶乔木，是我国特有的树种之一，素有“活化石”之称，银杏4月开出浅黄色花，雌雄异株（图1–27）。

图1–27 银杏雄球花和雌球花

银杏在土水肥管理过程中，应注意：

1. 对土壤的要求 银杏是深根性树种，寿命特长，根系尤为庞大，吸收肥水性能良好，所以对土壤要求不严。银杏在中性土、酸性土或钙质土及壤土、黏土环境下均能生长，最适宜土壤pH值为6.0～7.5。

2. 对水分的要求 银杏是肉质根，抗涝能力差，夏季雨天应及时排出树盘内的积水。秋、冬季浇透封冻水，翌年春天及时浇返青水，其他季节浇水应遵循见干见湿的原则。

3. 对肥料的要求 银杏喜肥，6月初可追施一次氮磷钾复合肥；秋季浅施一次腐熟的牛马粪或腐叶肥，将其翻入土内，此法不仅可以提供给植株生长的养分，而且还可以提高栽植土的疏松度，利于植株生长。

二、白皮松

白皮松为中国特产的珍贵树种，其树形优美，对二氧化硫等有害气体及烟尘有较强抗性。白皮松在园林配置上用途十分广泛，可孤植、对植、丛植，或作行道树，均能获得良好效果（图 1–28）。

图 1–28 白皮松

白皮松在养护过程中，应注意：

1. 对土壤的要求 白皮松喜酸性土壤，可在每年春季发芽前施一次高活性腐殖酸，可以降低土壤 pH 值，补充养分。为调节土壤透气性，每年应松土除草 2 ~ 3 次。在夏季，中耕可结合除草同时进行。

2. 对水分的要求 白皮松怕涝，浇水时避免根部积水。地下水位高的可以适当抬高栽植高度；土质不好或黏性大的，应浅栽高培土。汛期应及时做好排水工作。

3. 对肥料的要求 白皮松对肥力要求不高，施肥不宜多，否则会使枝梢徒长、针叶变长，使其整体观赏价值降低。白皮松可在春季发芽前或秋季施一次有机肥，夏季 7 月停止施肥，冬季土壤封冻后也不施肥。

三、绣球

绣球，又名八仙花、紫阳花。绣球适应性比较强，属亚热带植物，不耐酷热，亦忌严寒（图 1–29）。

图 1–29 绣球

绣球在养护过程中，应注意：

1. 对土壤的要求 绣球喜酸性土壤，可在春季或秋季施高活性腐殖酸，改良土壤的酸碱性和透气性。

2. 对水分的要求 绣球叶片肥大，枝叶繁茂，需水量较多，在生长发育的春、夏、秋季，要浇足水分，使土壤保持湿润状态。尤其是夏季，由于蒸发量大，除浇足水分外，每天或隔天还要向叶面喷水 1 次。绣球为肉质根，水分过多易烂根，遇到积水及时排水。9 月以后，天气渐凉，要逐渐减少浇水量，使枝条生长健壮，以利于冬季休眠。花期保持土壤微润，充足的水分能延长花期。

3. 对肥料的要求 春季生长期保持 10 天左右追施一次通用水溶肥（磷酸二氢钾），现蕾前期追施磷钾肥，花蕾显色后即可停止施肥；花后追施充分腐熟的有机肥或缓释肥；冬季或早春萌芽前再追施一次充分腐熟的有机肥。

四、杜鹃

杜鹃性喜凉爽、湿润、通风的半阴环境，既怕酷热又怕严寒，怕土壤积水，为中国中南及西南典型的酸性土质植物（图 1–30）。

图 1–30 杜鹃

杜鹃在养护过程中，应注意：

1. 对土壤的要求　杜鹃在酸性沙质土壤中长势旺盛，养护管理中适当追施有机肥等酸性肥料调节土壤酸碱度，促进植物正常生长。

2. 对水分的要求　遵循“不干不浇，浇则浇透”的原则，保持一定的土壤湿度，避免积水。春季快速生长期可适当增加浇水频次，夏季保持土壤湿润不能缺水，进入秋季后减少浇水。

3. 对肥料的要求　杜鹃喜肥，生长期内，每 10 ~ 15d 需施 1 次稀薄肥液，促进植株生长；出现花蕾时，补充磷钾肥，促进花蕾成长和花色艳丽；开花期不需要施肥；开花后及时补充氮肥，促进萌发新枝，让植株更健壮；夏、冬季，杜鹃生长缓慢，停止施肥。

第二章　景区园林植物整形修剪

植物是景区园林主要构成要素之一，种类繁多，形态各异。随着社会的发展，景区园林植物整形修剪的要求也在不断提高。本章结合景区需求，阐述了植物的整形修剪理论和实际操作技术，继承我国传统植物修剪技艺，吸取国外先进技术，理论结合实践，突出科学性与实用性。

第一节　景区园林植物整形修剪理论

一、景区园林植物整形修剪的概念

修剪是对树木的根、茎、枝、芽、叶、花和果等部位进行剪截或剥除的操作。整形是对树木施行修剪措施后，使之形成一定的形态结构，以符合人们的视觉要求，产生美感。

单就“修剪”而言，“修”就带有修整树姿之意，即通过剪枝来形成一定形态，习惯上常把“修剪”和“整形”两项操作统称为整形修剪。整形是通过一定的修剪手段来完成，而修剪又必须在一定的整形基础上进行操作，因此，整形与修剪是密切相关的，两者相辅相成。

二、景区园林植物整形修剪的意义

（一）保持植物的观赏价值

树木在生长过程中，枝条不断增多，树冠逐渐增大，若放任自长，随着树龄增加，将会出现枝条杂乱无章、树姿不美、观赏价值下降的现象。通过整形修剪可以调节树姿，保持和改善合理的树冠结构，使其形态更加完美，观赏价值更高。

（二）改善透光条件，减少病虫害

整形修剪可以改善树冠内部通风透光条件，减少病虫害发生，尤其是一些枝叶密生的球形树，如冬青卫矛、枸骨、海桐和火棘等。

（三）促使植物开花结果

许多植物以观花、观果为目的，这就必须通过科学合理的修剪，促使植株多开花、多结果，如紫薇、梅花、海棠和绣球等。

（四）促使植物萌发新枝

有些灌木树种，枝条寿命不长，通过修剪可促使其萌发健壮枝，采用去弱留强、去老留新的方式实现更新复壮，保持观赏价值，如绣球、金钟花、棣棠花和菱叶绣线菊等。

（五）提高植物抗性

修剪可提高植物抗自然灾害的能力，如在大风前或大雪前，对大型树木及时采取修剪措施，可保护树冠，减少损失，如樟树、悬铃木等。

（六）提高移栽成活率

苗木移栽，一般会伤害根部，造成树体的吸收与蒸腾比例失调、水分丢失，以致苗木枯萎，如果根部伤害过于严重，甚至会出现死亡现象。如果在起苗前或起苗时进行适当修剪，可使地下养分、水分的吸收和地上部分叶面的蒸腾保持相对平衡，栽植后苗木就易成活。新定植的苗木，适当剪除萌发过早的嫩梢，可使苗木体内水分、营养等运输比例协调平衡，从而提高苗木移栽的成活率。

三、景区园林植物整形修剪的原则

（一）根据景观功能要求

景区观赏树种有其各自的功能，整形修剪要因树而异。通常针叶树和园景树要求树干挺拔、树冠雄伟、枝叶茂盛，多以自然形为宜；观花树种要求满树皆花，花团锦簇，多采用自然开心形或圆头形造型。

每株树木在整形修剪时还应考虑与周围环境的协调性，在形式上相呼应。如自然式园林多采用自然式造型（图 2–1），规则式园林多采用规则式造型（图 2–2）；周围有花坛、草坪时，要注意树形姿态相互衬托；遇丘陵假山、庭台池榭时，要注意树形大小、高低和比例相称。

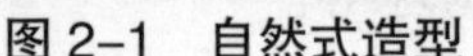

图 2-1 自然式造型

图 2-2 规则式造型

（二）根据树种的生长习性

不同树种的生长习性有很大差别，因此，要采用不同的整形修剪措施。顶端生长优势较强的树种，如雪松、水杉和池杉等，主干明显，在修剪时应保持其中心主干的生长优势（图 2-3）。对于一些顶端生长势不太强，而侧枝萌发力很强的树种，如桂花、茶花、黄杨、蜡梅、栀子等易于形成丛状树冠，在整形修剪时可修成自然圆头形、多干形等（图 2-4）。

图 2-3 水杉

图 2-4 桂花

不同树种萌芽力强弱也各有不同，具有较强萌芽力的树种，如女贞、黄杨、龙柏、悬铃木等可多次修剪或重剪（图 2-5）；而对萌芽力弱的树种，如玉兰、茶花、杜鹃、云杉等，则应少剪、轻剪，以维持其自然形态为宜（图 2-6）。

图 2-5 黄杨

图 2-6 云杉

（三）根据树木的树龄大小

不同树种都有其各自的生长发育规律，具有生命周期的变化，即从幼苗期、成年期，最后进入衰老期，不同树龄树木应用不同的修剪方法。

幼树以整形为主，对各主枝要轻剪，以求扩大树冠，迅速成形；成年树以平衡树势为主，壮枝轻剪缓和树势，弱枝重剪增强树势；而对生长呈现衰退的老年树可通过回缩修剪，刺激其隐芽萌发壮枝，以利于更新复壮。

（四）根据培养目标

同一棵树上的枝条，因生长位置不同，修剪的方式亦不相同。若培养主干明显的树形，则需注意保护顶芽，使其不断生长延伸，形成挺拔主干（图2–7）；若培养球形树冠，就要不断去除有竞争优势的顶芽，促使萌发侧枝，以利于形成球状树冠，如龙柏、侧柏等（图2–8）。

图2–7　主干形龙柏

图2–8　球形龙柏

第二节　景区园林植物整形修剪技术

一、景区园林植物整形技术

整形与修剪需结合进行。一般是根据观赏树种在配置时发挥不同功能的要求，对其进行必要的整形，形成所需要的外形。主要的整形方式有自然式整形、自然与人工混合式整形和人工式整形。

（一）自然式整形

景观树木本身就是大自然的艺术品，各有其独特的姿态。在整形时，必须了解该树种的自然形态，常见的树形有以下8种：

1. 柱形　中心主干明显，侧枝长度上下相差较小，形成几乎上下同粗的树冠，如金冠柏、蓝冰柏等（图 2–9）。

2. 塔形或圆锥形　有明显的中心主干，顶端优势强，侧枝长度上下相差较大，形成下大上小的树冠，如雪松、云杉等（图 2–10）。

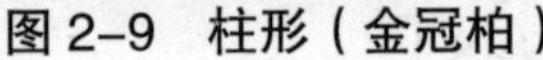

图 2–9　柱形（金冠柏）

图 2–10　塔形（雪松）

3. 卵形　主干明显，顶端优势亦强，但基部枝条生长较慢，大多数阔叶树种具此树冠，如银杏、广玉兰等（图 2–11）。

4. 圆形　有明显的主干，但因顶芽不充实，常由侧芽取代继续生长，顶端优势不及卵形强，树冠常成圆形，如樟树、无患子等（图 2–12）。

图 2–11　卵形（银杏）

图 2–12　圆形（樟树）

5. 平头形　有主干，但顶端优势不明显，常形成平顶状或伞形树冠，如合欢、红枫、鸡爪槭等（图 2–13）。

6. 灌木形　以灌木树种为主，植株无明显主干，自基部丛生枝条构成树冠，如紫荆、棣棠等（图 2–14）。

图 2-13　平头形（红枫）

图 2-14　灌木形（重瓣棣棠）

7. 棕榈形　主干明显，直立不分枝，无侧枝，叶片常集中分布在茎之上部，如棕榈（图 2-15）。

8. 匍匐形　树冠低矮，贴近地面，枝条常常匍匐地面平行生长，如偃柏、叉子圆柏、铺地柏等（图 2-16）。

图 2-15　棕榈形（棕榈）

图 2-16　匍匐形（铺地柏）

自然式整形符合树种生长发育的习性，能充分发挥树种的外形特点，体现本身的观赏价值。在景区园林中，此种整形方式普遍用于已成形的植物，整形时以维护自然树形为主，必要时进行适当修整。

（二）自然与人工混合式整形

自然与人工混合式整形是自然树形结合人工修剪的一种整形方式，也是景区园林养护中最普遍的一种整形方式。此种整形方式常用于庭荫树、行道树、观花和观果等树种。一般来说，它们的基本树形已在苗圃育苗时养成，但在景区定植后一般仍需继续整形，使树冠更加优美自然。其主要的树形有以下 10 种：

1. 自然圆头形　有一较高主干，达到一定高度后，可选留 3 ~ 5 个主枝条，并在其上分层留养侧枝。此种树形，树冠均衡，枝叶茂盛，对大多数生长旺盛的观叶类和观花类乔木树种适用，如樟树、桂花、馒头柳等（图 2-17）。

2. 自然直干形 在乔木树种中，自然直干形是普遍采用的一种整形方式。对于庭荫树、孤植树和风景树来说，整形时应做到中央主干通直，保护树冠顶梢，去除竞争枝，有适当的冠高比和枝下高。在保持自然冠形的基础上，做些辅助性修剪即可，如剪去一些有损树形与生长的枝条，既省工也易取得良好的景观效果，如水杉、池杉和中山杉等（图 2–18）。

图 2–17 自然圆头形（馒头柳）

图 2–18 自然直干形（中山杉）

3. 自然杯状形 杯状形在果树整形中常见，但较费工，而自然杯状形就是它的改进树形，主干在一定的高度上配置三大主枝，各主枝间分布呈 120°，每主枝上配置 2 ~ 3 个侧枝。在侧枝上选留多个枝条，任其自然伸展向四周扩散，中心通透。树形整体呈杯状构架，但因保留较多侧枝，故枝阴浓密。当上空有线路等障碍物时，此种整形方式较易控制树冠，便于养护管理。如悬铃木、碧桃、银杏等（图 2–19）。

4. 自然开心形 这是自然杯状形的进一步改良与发展。一般可在主干离地面 100cm 左右处分生 3 ~ 4 个主枝（有时也可保留一段主干延长枝），各主枝间有一定间隔，错落着生，向四周放射而出，其上分生的侧枝可任其自然生长，但中心部位仍保持通透的空间。此树形主干不高，有利于养护，树冠侧枝虽多，但仍通风透光，有利于多开花、多结果。如梅花、樱花、美人梅、碧桃、山里红等观花观果小乔木。若树冠中心主枝较多就形成多主枝形或闭心形（图 2–20）。

图 2–19 自然杯状形（悬铃木）

图 2–20 自然开心形（碧桃）

5. 垂枝形　一般树木抽枝均向上伸长，但垂枝形树木的枝条却向下延伸、下弯倒垂，在整形修剪时，剪口处应多留外向芽，以便树冠向外扩展。如龙爪槐、垂枝桃、垂枝榆和垂枝梅等（图 2–21）。

6. 多干形　具有多个主干，即自植株基部近地面处开始，均衡留养多个主干，形成双干、三干甚至多干，适当配置主枝和侧枝。此种整形适用于大型灌木类观花树种，便于扩大树冠，增加开花量，如蜡梅、绣球荚蒾、紫荆等（图 2–22）；乔木类观花树种有时也采用，如多干紫薇和桂花等。

图 2–21　垂枝形（龙爪槐）

图 2–22　多干形（紫荆）

7. 近球形或扁球形　主干低矮，主干上有很多主枝，各主枝和侧枝相互错落，经整形修剪可成近似球状或扁球状。树冠浓密，叶层厚实，景观效果较好，多用于小乔木或灌木，如黄杨、海桐、无刺枸骨和红花檵木等（图 2–23）。

8. 悬崖形　主干较短曲，侧枝向下悬挂生长，一般适用于小型灌木，如迎春花、野迎春等，适宜栽植于庭台廊架或山石池畔等处（图 2–24）。

图 2–23　近球形（海桐）

图 2–24　悬崖形（野迎春）

9. 丛枝形或拱枝形　适用于多数中小型观花灌木，一般可保留 9 ~ 12 个主枝，其中保留 1 ~ 3 年生主枝各 3 ~ 4 个，每年剪去最老的主枝 1/4 ~ 1/3，顺次用新枝来替代老枝，使灌丛每年有新老枝交替，年年保持花叶繁茂。操作时应注意疏密搭配，剪去交叉重叠枝和过长过细枝，形成丛生形树冠。有些灌木枝条细长，生长到一定高度会自然弯下来，形成拱形树冠，整形时注意使外侧枝条保持自然拱形，有利于提高观赏效果，如锦带花、珍珠梅等（图2–25）。

10. 棚架形 多用于藤本植物的整形，先建好各种形式的棚架、亭、柱或廊等，藤本植物种植后按其生长习性，加以整形修剪和诱引扎缚。凡具有卷须、吸盘或有缠绕习性的藤本植物，均可自行依附支架攀缘生长，如凌霄、五叶地锦、紫藤等（图2–26）；没有上述特性的蔓生植物，则要靠人工引缚，如木香花、蔷薇、云实等。

图2–25 丛枝形（锦带花）

图2–26 棚架形（凌霄）

（三）人工式整形

景区绿地中，常因特殊要求，将树木修剪成各种规则式或不规则式的形体，如几何形、建筑形、动物形及人物形等，增加景区植物造型种类，突出景区植物特色。

此种整形方式有时还需预设框架，借用金属线或绳索扎缚作为外形轮廓进行整形修剪。人工式整形要求精心养护，故较耗人工，若养护不及时或疏于整形，则会影响景观效果。

1. 植物种类的选择 宜选择萌芽力或成枝力强，耐修剪整形，生长速度较慢的园林植物。一般以树冠密实、侧枝茂盛、枝条柔软的小叶常绿树或落叶阔叶树或针叶树为佳，如柏科、松科、黄杨科、海桐科、木樨科或蔷薇科等植物。

2. 人工式整形的表现形式

（1）几何形。将树木修剪成球形、伞形、方形、螺旋体、圆锥体等规则的几何体，常用于规则式园林，给人以整齐的感觉。如小蜡、圆柏、黄杨、火棘、红叶石楠、洒金千头柏等（图2–27、图2–28）。

图 2–27　球形（火棘）

图 2–28　方形（洒金千头柏）

（2）建筑形。主要以园林建筑小品或生活中常用实物为设计雏形，通过植物镶嵌、修剪整形和部分辅助材料的巧妙组合，营造特色园林造型。如亭、台、楼、桥、坐凳、汽车、屏风、花瓶等造型（图 2–29 ~ 图 2–32）。

图 2–29　亭子形（梅花）

图 2–30　屏风形（贴梗海棠）

图 2–31　花瓶形（紫薇）

图 2–32　蘑菇形（小蜡）

（3）动物形。以各种动物为设计雏形进行造型设计，常用动物造型有十二生肖、大象、长颈鹿、蜘蛛等（图 2–33）。

图 2–33 动物形（小蜡）

（4）桩景造型。应用缩微手法，借鉴树桩盆景造型技艺进行修剪整形，再现古木神韵。此类造型多用于露地园林重要景点或花台，树种选择上可用小蜡、银杏、榔榆等（图 2–34 ~ 图 2–37）。

图 2–34 桩景造型（小蜡）

图 2–35 桩景造型（榔榆）

图 2–36 桩景造型（湖北梣）

图 2–37 桩景造型（银杏）

3. 技术要点 观赏树种多样，树形多变，整形要求各异。在实践中，不必拘泥于形式，有时随树整形就能取得良好的效果。许多观赏树的基本树形是在育苗过程中逐步养成的。因此，在各类绿地的日常养护中，能做到各类树木与环境协调，生长正常，发挥相应功能，外形符合视觉要求，即达到了整形目的。景区常用的植物整形技术手段有拉枝、引枝、拿枝、曲枝及扭枝等。

（1）拉枝与引枝可使枝条改变原来的生长方向或位置，常是某一方位上的枝条缺失或受损时，替补由此而造成的树冠空缺。

（2）拿枝是指用手握住枝条，从基部向梢头逐渐移动并轻微折伤木质部，是对当年新枝进行整形的技术手段，一般在夏季进行，因此时枝条柔软，容易操作，可促使枝条角度开张，促进形成花芽。

（3）曲枝是让枝条变向的手法，即原来方向没有发展空间，通过曲枝改变原来的生长方向，从而促使枝条有发展空间，也可促进花芽分化。

（4）扭枝也称扭梢，通常将半木质化的直立旺长枝梢先扭后曲，使其下垂，或从近基部处扭伤后使其平伸。扭枝适时恰当，可缓和植株生长，提高萌芽率，促进中短枝和花芽的形成，提高坐果率，促进果实生长（图 2–38）。

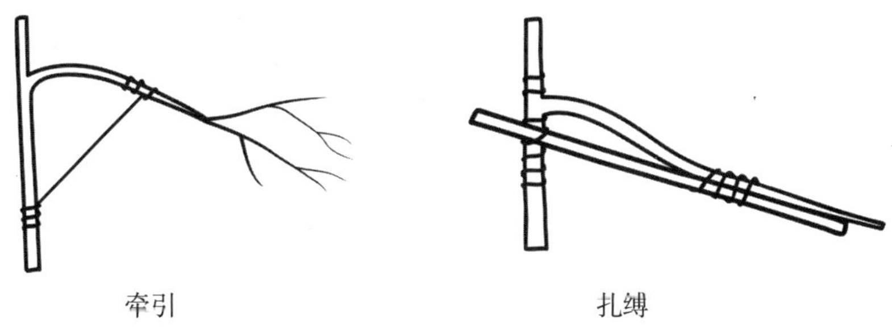

图 2–38　主枝牵引与扎缚示意图

二、景区园林植物修剪技术

修剪就是将植物的根、茎、叶、花或果实等剪除或摘去的一项操作，包括疏枝、短截、抹芽、摘梢、摘叶、摘蕾和修根等。

（一）疏枝

将整个枝条从其基部分枝处全枝剪除，称为疏枝（图 2–39）。疏枝可使树冠层次分明，枝条分布合理，改善通风透光，增强树势。对于各类忌避枝，如过密枝、交叉枝、平行枝、下垂枝、竞争枝、病态枝和枯枝等均要及时去除；若主干上发现轮生枝过多、过密时要适当疏去；花灌木类苗木可通过疏去老枝，促萌发新枝。疏枝时还要注意维持苗木合理的冠高比和枝下高。若疏枝量较大时，宜在苗木休眠期间进行。

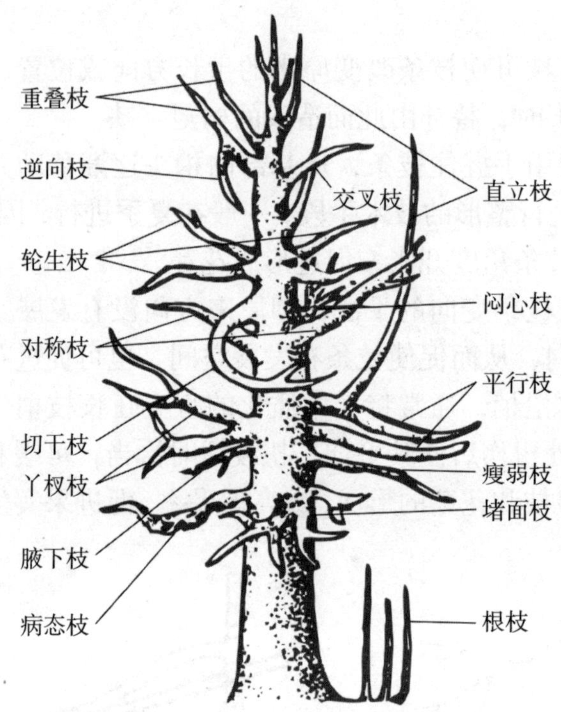

图 2–39 疏枝示意图

（二）短截

将当年生已木质化的枝条剪去一部分而保留另一部分的修剪方法称为短截。以悬铃木为例，苗木要经历截干、养干、接干和定干等阶段，在树冠培育中又要经历骨干枝、主枝和侧枝的培养，其中每一过程都离不开短截修剪。

短截主要在苗木休眠期进行。按枝条剪留的长度可分为轻短截、中短截、重短截、极重短截、截干、截冠和回缩（图 2–40）。

1. 轻短截 轻短截即轻度短截。只剪去枝条的顶梢部位，长度小于全枝的 1/3，去顶梢后可刺激下部的芽萌发，产生大量短枝，有利于形成花芽。

2. 中短截 中短截即中度短截。剪去枝条的长度在 1/3 ~ 1/2。通常是剪留到枝条中上部的饱满芽处。中短截可促使萌发强壮的营养枝，可培养主干或主枝的延长枝。

3. 重短截 重短截即强度短截。剪去枝条长度达 1/2 以上，可刺激萌发较强壮的营养枝。适用于弱树、弱枝的更新复壮。

4. 极重短截 极重短截又名极重截。几乎剪去枝条长度的 9/10。主要用于丛生灌木形树种的更新复壮。

5. 截干 截干是对一二年生小苗常用的更新措施，即在苗木根茎部位将

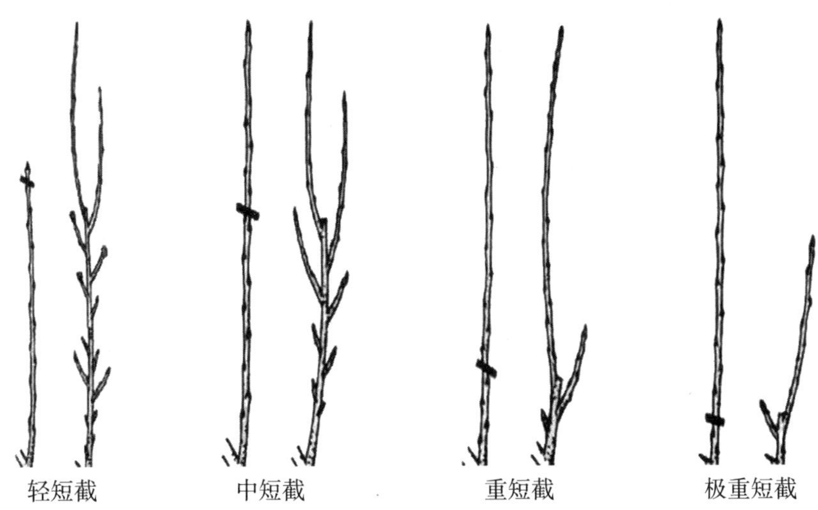

图 2-40　短截示意图

整株地上部截去，使养分集中到基部新芽，抽出旺枝，以便养成粗壮通直的主干。常用于乔木类苗木的养干，如悬铃木、榆、枫杨、国槐、泡桐等。截干后，及时抹芽去萌，可形成良好的独干树形。

6. 截冠　截冠是指从苗木主干分枝点以上，将树冠全部剪除。截冠后，分枝点高度一致，经整形后，树冠结构一致，景观效果好。适用于萌发力强的落叶苗木，如悬铃木等。

7. 回缩　回缩是对多年生枝条的一种短截修剪。主要用于苗木的更新复壮与改造。回缩修剪可刺激休眠芽或不定芽萌发，可促使缺枝部位抽发新枝（图 2-41）。

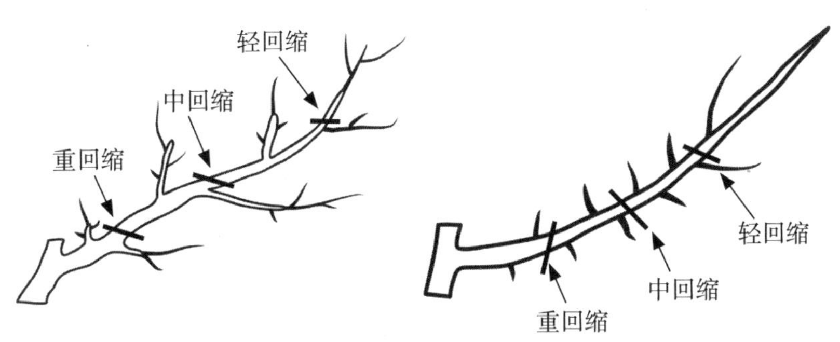

图 2-41　回缩示意图

（三）抹芽与除蘖

苗木生长过程中，不少芽会同时萌发。过多、过密或生长位置不当时应及时抹去，有利于培养良好树形和促进生长。对砧芽、主干萌芽和植株基部发生的无用萌蘖都应及时抹去。苗木定干时，尤要注意留芽的数量、位置与角度，多余的芽均应抹除。

（四）摘心与剪梢

苗木在生长季节，摘去或剪去枝梢顶部的生长点，可起到调节和控制生长的作用，不会影响树冠的外形。如枝条生长过旺时，摘心可控制生长，抑制顶端优势，调节各主枝的生长势，使树冠丰满匀称。培养球形苗木时，为使树冠丰满，一年内可多次摘心，促进侧枝生长。若未能及时摘心，枝条已木质化时，可用剪梢的办法剪去枝条的上端，来调节侧枝的生长（图 2–42）。

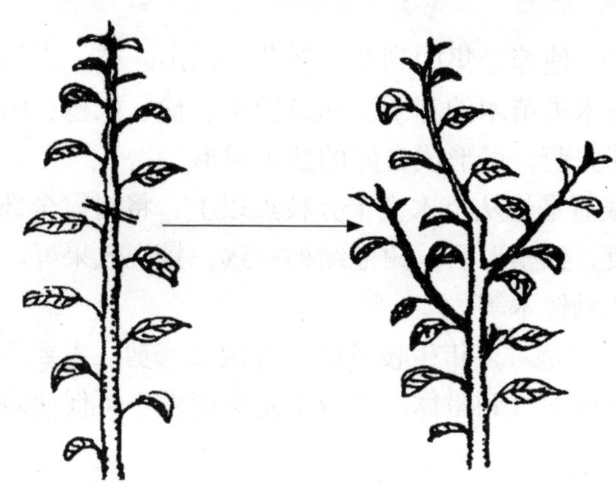

图 2–42 摘心示意图

（五）摘叶与剪叶

将过密或过多叶片摘除，改善树冠通风透光条件。常绿类苗木在移植时摘去或剪去部分叶片，可减少水分蒸发，有利于移植成活。

（六）摘蕾与摘果

摘蕾与摘果可调节苗木开花与结果的数量，减少养分消耗。幼树或新移栽苗木应尽可能减少开花结果，使养分集中，促进生长。

（七）断根、切根与修根

苗木根系的修剪非常重要。将苗木主根切断，能刺激侧根和不定根生长，使苗木更好地形成根系，有利于苗木生长。根系是否良好是评价苗木质量好坏的重要因素之一。

苗木在挖掘时，尤其在裸根挖掘时，不可避免地会损伤一些根系。截面大于 2～3cm 的大根伤口，必须剪平修齐以利于愈合；有的大根遭受撕裂后会很快腐烂，影响成活，所以根系修剪非常重要。

断根主要是指截断主根或较大侧根，宜在苗木休眠期进行；切根是指切去较小根系，随时可进行；修根主要在苗木起掘时进行（图 2–43）。

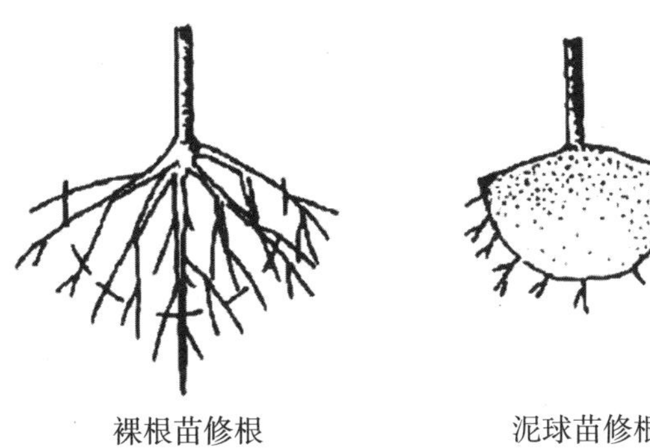

图 2–43　修根示意图

（八）自然灾害后的修剪

园林苗木在培育过程中常会遇到自然灾害侵袭，如大风、大雪等。在大风来临前，除加固树体支撑外，必要时还应进行合理修剪，适当疏空树冠，以减少受风面。雪害常发生于冬季，受害的主要是常绿苗木，如樟树、荷花玉兰、雪松等常绿树应注意及时除去过多树冠积雪。灾害过后要及时剪除受损枝条，并修平伤口。对树冠缺损或偏冠现象，应采取整形措施补救，促进树形恢复（图 2–44）。

图 2–44　自然灾害后的修剪

（九）修剪操作的步骤

在修剪时要做到先看、后定、再动手的步骤。

（1）在修剪前，先要观察环境，了解功能，确定树形的大体轮廓和修剪应达到何种效果。

（2）修剪时要先从大处着眼，由上而下、由内及外、由大到小、由粗至细，根据树形要求，决定应保留的大枝及其在主干上的位置和间隔，从疏剪入手，剪掉树冠内的枯枝、病虫枝、过密枝、重叠枝和交叉枝等。

（3）最后将需要短截的枝条剪截，注意剪口芽要留在希望抽生枝条的方向。

整形修剪切记不能不假思索、漫无次序的乱剪，操作不当，会损坏树冠，扰乱生长，得不偿失。

（十）修剪注意事项

1. 剪口和剪口芽 树木枝条被修剪后，留下的伤口称为剪口，距剪口最近的芽称为剪口芽。在修剪时，必须注意剪口和剪口芽的位置。

短截枝条时，剪口应平滑并略带倾斜，一般应位于剪口芽上方 0.5 ~ 1cm 处，剪口大致可成 45° 角倾斜，有利于伤口愈合。剪口留的过长，常会形成残桩，过低则易伤芽（图 2–45）。

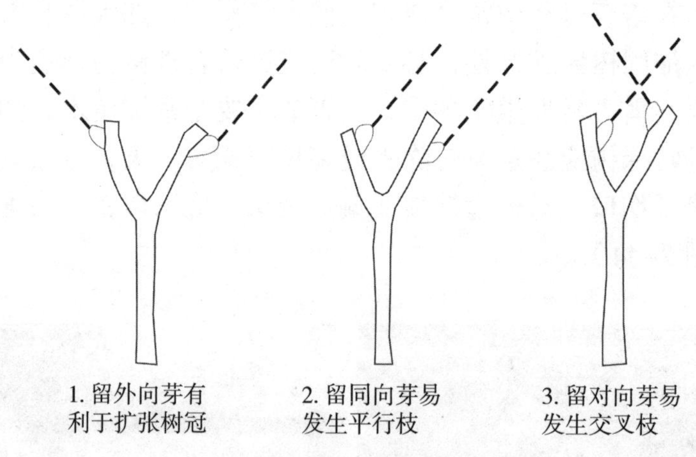

图 2–45 剪口芽选择示意图

剪口芽的方向和质量决定新梢的生长方向和生长势，所以剪口芽必须是强壮、饱满的。应注意下列四种情况：

（1）需要向外扩张树冠时，剪口芽选留在枝条的外侧；若要填补树冠内膛空缺时，剪口芽应朝向内侧。

（2）对生长过旺的枝条，为抑制其生长，可选留弱芽为剪口芽；若要促使新枝生长，应选留外形饱满的芽为剪口芽。

（3）为培养主枝延长枝时，剪口芽选留方向应与上年选留的剪口芽成相反方向，这样可使枝条生长不偏离主轴。

（4）对垂枝形树木，如龙爪槐、垂枝梅、垂枝桃等，剪口芽应留外芽，即垂枝外侧的芽，以形成优美的树形，若多留内芽，则会影响株形的美观。

2. 大枝锯截　对较粗大的枝干进行短截或修剪时，常需用锯操作，若从枝的上方起锯，往往锯到一半时，由于枝干自重的压力，会造成劈裂，撕破创面，但若从枝干下方起锯，又易夹锯（图 2-46）。因此，在锯除大枝时，可采用分步操作：

（1）先在待锯枝条上离最后锯口 20 ~ 25cm 的地方，从下往上拉第一锯作为预备切口，深至枝条直径的 1/3 或开始夹锯为止。

（2）再在离预备切口前方 3 ~ 5cm 的地方，从上往下拉第二锯，截下枝条。

（3）最后在枝干领圈外侧锯除残桩。

（4）剪下枝条后要及时处理，特别是有病虫的枝条更要集中处理，保持环境整洁。

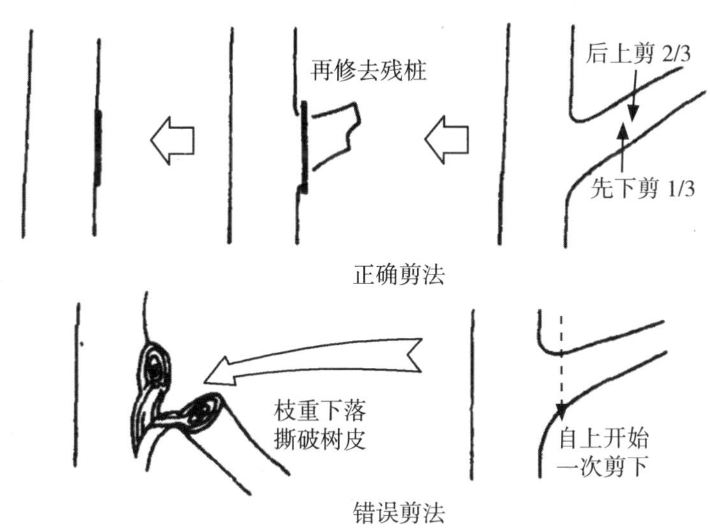

图 2-46　大枝锯截示意图

3. 修剪应注意安全　修剪时应注意安全，配备必要的保护用品，上大树操作时，要架稳梯子，系好安全带，戴上安全帽等。若树木附近有电线穿过时，更要注意安全，必要时可请供电部门配合。修剪大树时，要有专人维护现场，上下配合，防止锯落的大枝砸伤人员。

三、景区盆景整形修剪技术（以中州盆景为例）

河南古称“中州”，河南狭义上也指中原。河南盆景又名“中州盆景”，是较早的盆景艺术流派之一。

中州盆景以“师法自然”“应物象形”为创作理念，讲究“古朴典雅、刚柔相济”的塑形法则，追求自然和谐的意境。中州盆景以柽柳、石榴、枸杞、金雀、黄荆、蜡梅及迎春花等本地乡土树种资源为创作素材。造型方式及手法有仿垂柳型、仿松树式及自然式等。

（一）仿垂柳型盆景（以柽柳为例）

柽柳又名三春柳，在平原地区取材便利，在早春柽柳即将萌芽时移栽，成活率最高。柽柳树桩培养成活之后，选取适当的位置留芽育枝。每年 5 月底至 6 月初，枝条尚未木质化，枝条最柔韧，最适宜柽柳的造型。中州仿垂柳型柽柳盆景的树桩形式，主要有直立式、斜干式、临水式、风动式、单干式及双干式等。其造型方法有蟠扎法、牵拉法、吊垂法、顺势加压法和折枝法等（图 2–47）。

图 2–47 仿垂柳型柽柳盆景

1. 蟠扎法 用金属丝对柽柳的枝条缠绕蟠扎，以使枝条下垂。蟠扎又分脱叶蟠扎法与不脱叶蟠扎法。

2. 牵拉法 在花盆上缠绕一圈金属丝，将枝条高低相间、错落有致地牵拉固定在金属圈上，以使枝条下垂。对枝条经过一定时期的牵拉定型之后，除去牵拉物及金属圈。

3. 吊垂法 在柽柳树桩的枝条上，悬吊不同重量的悬垂物而使枝条下垂定型。常用的方法是在枝条上缠绕金属丝或其他绳状物（如线、绳、尼龙草等），下部悬吊重量不等的重物，对枝条起到下垂牵拉的作用。

4. 顺势加压法 在柽柳的生长季且枝条尚未木质化的时候，以中指勾住需要弯曲的枝条的下部，以无名指顶住枝条，以拇指和食指捏住枝条，由枝条的基部向枝条的梢部，边弯曲边增加压力，反复进行，可使枝条弯曲下垂。

5. 折枝法 在柽柳枝条尚未木质化前，有意地在枝条的中上部，选取 1 个或几个弯曲点，用双手的拇指与食指轻轻地将枝条折断 1/3，以使枝条弯曲下垂或左右摆动。

（二）仿松树式盆景（以柽柳为例）

仿松树式柽柳盆景造型，是中州盆景艺术风格的重要组成部分，也是中国盆景民族风格的一种创新。仿松树式柽柳盆景有多种形式，常见的有单干式、双干式、直立式、斜干式、卧干式、悬崖式、水旱式和丛林式等（图 2–48）。

图 2–48 仿松树式柽柳盆景

1. 初次造型 初次造型是指树桩成活之后，当年的两次蟠扎及修剪。

（1）春季。春季成活后，观察新芽的生长情况，查看芽的位置是否适当；观察哪些芽粗壮，哪些芽细弱，此时不要抹芽或修剪，以便促进树桩根系的发达。5月之后，将壮实、位置理想的树芽保留下来，其余全部抹去。

（2）夏季。5月下旬至6月，柽柳的枝条尚未完全木质化，枝条最柔软，可用金属丝进行第一次蟠扎。

（3）秋季。剪除无用枝条，抹去不必要的新芽，进行第二次蟠扎，以求形成圆片。二次蟠扎阶段，细嫩幼枝长至5～6cm时，进行打头修剪，逐渐形成周围稍薄、中间微凸、下面平整的圆片。

（4）冬季。经过春、夏、秋三季的整形修剪，柽柳树桩就基本定型了。到了冬季，叶子脱落后，将不必要的枝条从基部剪除。在冬季，要保留的枝条千万不要动剪，以避免退枝现象的发生。

2. 二次造型 二次造型是指翌年及以后每年对树桩进行的短截、蟠扎与修剪。

（1）春季。柽柳生长快，老化也快，每年早春在保持树桩原有骨架的基础上，根据树形改造的需要，对细枝、侧枝进行短截。短截后的树桩会萌发出许多新芽新枝。此时，应该让它自然生长一个阶段。在此期间，多观察老枝的生长情况、新芽的位置及强弱，以便选取更理想的枝条补枝更新，形成位置更理想的圆片。

（2）夏季。进入5月下旬至6月上旬，再次进行蟠扎修剪造型。造型的目的主要有两个：一是扎片，二是对补充的枝条进行蟠扎。之后，经过反复修剪，越来越多的辐射枝就逐步形成了密集细小、郁郁葱葱的圆片。

柽柳的二次造型过程，是一个由早春以剪为主，5～6月以扎为主，之后勤于修剪的过程。柽柳的叶子，经过春夏两季，有的会老化发黄。如果适时进行摘叶，可长出嫩绿新叶，能提高桩景的观赏价值。

（三）自然式盆景（以黄荆为例）

自然式黄荆盆景的造型特点是扎、剪并用，叶片形状扶疏自然，整体形状给人以潇洒清秀之感（图2-49）。

1. 蟠扎法 蟠扎法是黄荆盆景枝条和叶片造型的基本方法。多以金属丝对枝条进行缠绕，用于曲枝或扎片。黄荆的叶对生，如果对其中一个枝条进行摘心（打头），叶腋中便生出两个新芽。如此重复进行摘心，新枝便以倍数萌发生成。黄荆耐修剪，在圆片初步形成之后，配以重剪和勤剪，圆片很快就形成小枝聚集、小叶稠密的圆片。

多年生枝条在整个生长季均可蟠扎造型，新生枝条的蟠扎造型要待其半木质化之后方可进行。蟠扎前，注意对树桩进行扣水（减少浇水），以免枝

图 2-49　自然式黄荆盆景

条发脆而折断。用金属丝缠绕时，不能损坏叶腋中的芽眼。黄荆的新嫩枝条柔软，愈合能力较强。

2. 截扎混合法　截扎混合法是借鉴岭南派盆景的蓄枝截干，结合海派盆景的金属丝蟠扎的造型方法。这种方法是以蓄枝截干形成主干与主枝、主枝与侧枝之间的自然过渡，用金属丝蟠扎以缩短造型过程所需的时间。

四、景区园林植物整形修剪的时期

观赏树木的生长发育是随着一年四季的变化而变化的。所以在修剪实践中要灵活掌握，应做到：①不影响树木正常生长；②不影响树木的开花结实；③不影响树木的观赏价值。

只有正确把握修剪的时期，才能保证其目的顺利完成。在景区园林养护中，整形修剪主要包括休眠期修剪和生长期修剪。

（一）休眠期修剪（冬季修剪）

1. 落叶阔叶树的冬季修剪　落叶阔叶树从落叶开始至春季萌芽前（即冬季）基本处于休眠状态，生理活动缓慢，生长几乎停滞。地上部经修剪后损失养分最少，伤口也不易感染，所以冬季是修剪大部分落叶阔叶树的适宜期。

中原地区通常自 12 月上旬至翌年 2 月下旬进行冬季修剪，有的宜早，有的宜迟，与树种的耐寒性有关。

（1）杨、榆、槐、垂柳和银杏等，落叶后至春季萌芽前的整个冬季均可修剪。早修剪可使留存芽充分发育，增强早春树木抽枝力。

（2）无患子、南酸枣等，属于怕冻树种，若过早修剪，剪口常因伤流而不易愈合，会造成枯桩。因此宜在早春萌芽前修剪，此时树液开始流动，剪口易愈合。

（3）胡桃科、山茱萸科中的树木及葡萄和桃树等，剪口常会出现伤流现象，特别在冬末时修剪会更加明显，导致树势衰弱。因此，修剪宜早不宜迟。

（4）需要截去大枝或需截干整形的落叶树，均宜在休眠期间进行。

2. 常绿阔叶树的冬季修剪 常绿阔叶树种多数原产于热带或亚热带地区，无明显休眠期，但在中原地区，它们在冬季的生长速度明显趋缓，处于半休眠状态，此时段可视为修剪的适宜期。

常绿阔叶树的冬季修剪，宜轻不宜重，主要剪除扰乱树形的枝条，如过密枝、内膛枝、枯枝及越冬的病虫枝等，保证树冠内部通风透光（图 2–50）。

图 2–50 龙爪槐的冬季修剪

对大多数常绿阔叶树来说，冬末春初时修剪最为安全，此时严寒已过，树液即将流动，剪口愈合快，遭受冻害枝条也可随机剪除，如樟树、日本珊瑚树和花叶青木等。

3. 常绿针叶树的冬季修剪 常绿针叶树主要是松柏类树种，顶端优势强。冬季修剪主要是维护良好形态，使主干通直，对扰乱树形的枝条及早剪除或牵引，如柏类、松类，整个冬季均可修剪（图 2–51）。松类树木树液流动时会有松脂流出，所以冬季修剪宜早不宜迟，最好在秋末至隆冬这段时期，尽量不要选在早春时节，以免剪口流脂，如黑松、日本五针松、白皮松等。

松柏类中的落叶树种，如水杉、池杉和落羽杉等，可参照落叶阔叶树的冬季修剪。

图 2–51　侧柏的冬季修剪

4. 观花树种的冬季修剪　许多花木是形成花芽后越冬的，冬季修剪时若把这些枝条剪去就会严重影响翌年的开花数量，所以在冬季修剪时必须注意保护花芽。修剪时应根据不同类型的花木采用不同的修剪方法。

对于大多数观花树种来说，冬季修剪不宜过度，除非是老株需要更新或回缩复壮。

（1）冬季已出现明显花芽的苗木。该类苗木大多在冬末春初开花，先花后叶，如蜡梅、梅花、贴梗海棠、玉兰、侧柏、结香、迎春花和金钟花等，在修剪时仅整形即可，不必多剪。

（2）冬季尚未出现明显花芽的苗木。该类苗木虽然在冬季时花芽尚未完全膨大，但有的是混合芽，与叶芽区别不大，需待萌发后才会出现花蕾。这类花木也大多在春季开花，如垂丝海棠、西府海棠、棣棠、红花檵木及牡丹等，冬季修剪时要谨慎，不能强剪。

（3）冬季花芽尚未分化的花木。该类苗木花芽分化一般在当年抽生的新梢上，冬季修剪不会造成花芽的损失，可放心修剪。此类花木的花期大多在春夏之交，有的在夏秋开花，如月季、石榴、金丝桃、夹竹桃、木槿、紫薇及桂花等。

（二）生长期修剪

生长期修剪主要目的是调节营养生长，抑制徒长。对景观植物来说，可随时修整树形，改善通风透光条件；对观花植物来说可促进花芽分化。生长期修剪应以抹芽、摘心、折梢、除孽、摘叶、剪残花和疏果等措施为主，必要时可以剪枝，但修剪量不宜过大。

1. 观叶树种的生长期修剪 树木的整个生长期贯穿春、夏、秋三个季节。

（1）春季修剪。春季是树木生长的初期，对于萌发的新梢嫩枝，应根据树形和树势的需要决定去留。抹芽和摘心均要及时，需在新枝木质化之前进行，宜早不宜迟，及时抹去过密的无用嫩枝，有利于新枝生长充实，减少营养流失。有的树木在生长期会多次萌芽抽梢，所以抹芽、摘心也要根据生长情况，多次反复进行，如塔柏、龙柏、悬铃木及各类球形树和绿篱等。

对于大部分耐寒性较差的常绿树种，春季萌芽后是最适的修剪期，应整理树容，剪去冻伤枝条。

（2）夏季修剪。夏季是树木生长旺盛期，常会有徒长、过旺枝形成而扰乱树形，要及时剪去。若发现树冠内枝条过密时要进行适当疏剪，以利于通风透光。在整个夏季要多次进行抹芽、摘梢和适当修剪，才能保持树形整齐美观（图 2–52）。

（3）秋季修剪。秋季气温渐降，树木生长趋缓，树体将进入营养贮藏阶段。此时应少修剪以免诱发秋梢生长。秋梢不充实，最易遭受冻害，对树体不利。

图 2–52 小蜡的夏季修剪

2. 观花树种的生长期修剪

（1）许多在春季开花的植物，如梅花、碧桃、海棠和樱花等，若在休眠期或冬季修剪，会使花枝减少，影响开花数量，可在春季花后进行修剪。

（2）对一些多在短枝开花的花木，对其抽生的长枝，适当摘心或剪梢，可促使多抽生短花枝，促进花芽分化，有利于翌年多着花。

（3）对一些在早春或初夏开花的花木，如迎春花、金钟花、棣棠、金丝桃及锦带花等，在花后应适当对老枝进行短截或更新，可促使抽生健壮新枝，改善树形，为翌年开花打下基础。

（4）对某些花形巨大的花木，如牡丹、绣球、绣球荚蒾、月季等，在花凋谢后，要及时剪除残花枝、徒长枝或短截花枝，以防结实消耗养分，并有利于剪口以下枝条生长充实。

（5）花后的修剪要及时，不能拖延，主要是为了减少营养损耗，保证这些花木在夏秋期间产生新花前有充分的营养补充恢复。

（6）一些在夏季开花的花木，如月季、紫薇等，在花后应及时剪去残花枝，促使抽枝开花，从而延长花期。

3. 观干树种的生长期修剪 对冬季观干类落叶树种，如红瑞木，可在早春重度修剪，促使萌发新的健壮枝条，以便在冬季落叶后重新发挥观赏作用。

4. 长势较弱树木的生长期修剪 有些长势较弱的树木，开花或结果时会消耗巨大的养分，导致树势衰弱。对于此类问题，可在花果期前后直接将其花果剪除以恢复树势，如女贞、银杏等。

5. 草本花卉的生长期修剪 草本花卉生命周期短，生长发育快，茎枝一般细弱柔软，易折断。因此，草本花卉的修剪一般比木本植物更加精细，而且多在生长期进行。不同草本花卉其生长、观赏特性各异。因此，修剪前要先了解不同草本花卉的生长和观赏特性，选取适当的方式进行修剪。

（1）有些种类适宜摘心。如百日草、一串红、万寿菊、长春花和柳叶马鞭草等。通过摘心，不但可促使植株茎秆粗壮强健，而且还可以控制植株高度。生长期摘心次数一般为 2～3 次，但次数过多会造成花期延迟。

（2）有些种类不宜摘心，以保证主干顶端花朵或主干叶腋上花朵的开花质量。如向日葵、鸡冠花、凤仙花和紫罗兰等。

（3）有些种类既要适当摘心，又要适当抹芽和去蕾，如菊花等。通过适当摘心可以保证有一定的分枝数量，从而达到一定的着花数量；通过适当抹芽和去蕾，则可以避免分枝、开花过多，养分过分消耗，保证花朵或花序大小达到质量要求。

6. 注意事项 夏季也是许多观花树种花芽分化期，如梅花、碧桃及樱花等，大多在 7～8 月进行花芽分化。所以，在夏季应及时对此类花木进行抹芽或摘心，有利于集中养分，促进花芽分化，为翌年春季盛花打好基础。

第三节 景区常见植物整形修剪工具及伤口保护

景区观赏植物多种多样，植株有高有低，树冠也有大有小，整形修剪要求各不相同。如能正确使用相应的工具，则可事半功倍。整形修剪时，要依树种、树木功能的不同，选用相应的整形修剪工具和器械，并做好伤口的保护工作。

一、整形修剪工具

（一）修枝剪（剪枝剪、弹簧剪）

修枝剪主要是用来修剪直径在 3cm 以下的木质枝条，对直径 1 ~ 2cm 的枝条均可轻松剪除，是修剪的必备工具。为便于户外作业，修枝剪应配备剪套，可随身携带，既方便又安全，剪套以皮制为佳。长柄修枝剪可剪断稍粗大枝，但不方便携带（图 2–53）。

修枝剪作为整形修剪中的主要工具，首先，应结合剪刀大小与弹簧质量，保证剪刀锋利且软硬合理，弹簧软硬适中，长度要能将剪刀撑开，且不会脱落，开角应避免过大，以手可掌握为宜。另外，如果枝条一次难以剪断，修枝剪可作圆弧形上下移动，但千万不能左右晃动，同时用左手将枝条向剪刃运动的方向推压，便可轻易将枝条剪断。

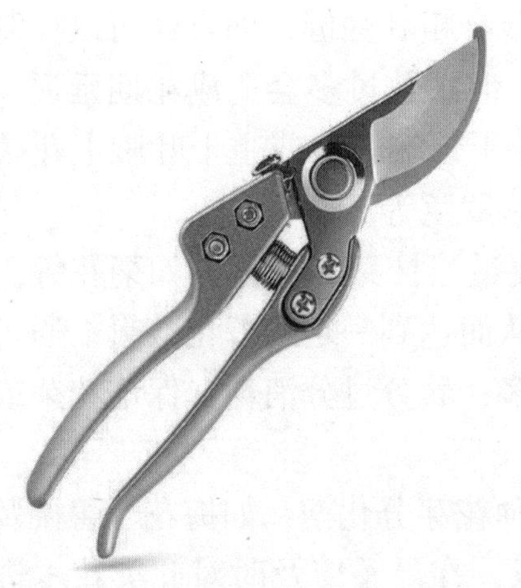
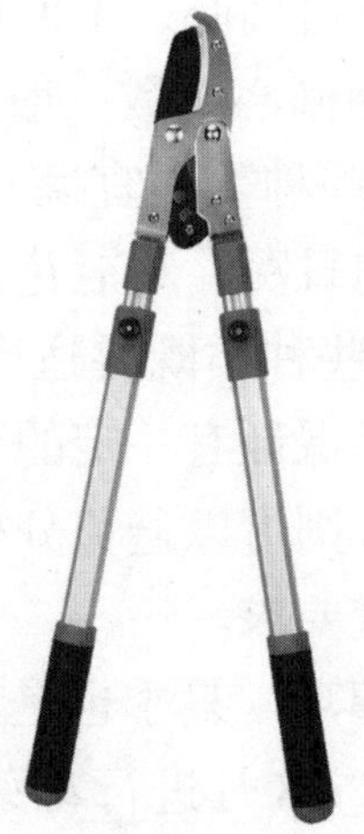

图 2–53 修枝剪（左）和长柄修枝剪（右）

（二）高枝剪

用于树木较高部位枝条的修剪，适用于庭院树、行道树等高树的修剪。构造基本上同修枝剪，但在剪柄部位有一刀口，可安装 2～2.5m 的长柄，在刀口尾部拉有一根尼龙绳，修剪时可猛拉该绳将枝条剪下。高枝剪使用方便，但往往不易准确控制剪口的位置。有的高枝剪还配有锯状刀刃，可锯下稍粗的枝条（图 2–54）。

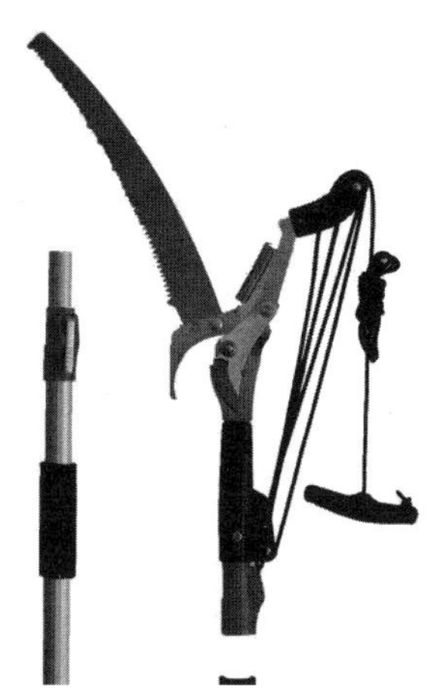

图 2–54　高枝剪

（三）绿篱剪

绿篱剪又称大平剪、篱笆剪、树剪、平剪、树枝剪等，具有较长的刀片和手柄，有的刀片可置换，以便打磨或更换。绿篱剪主要用于绿篱或规则式造型树木的细嫩枝修剪，不适合修剪已充分木质化的枝条（图 2–55）。

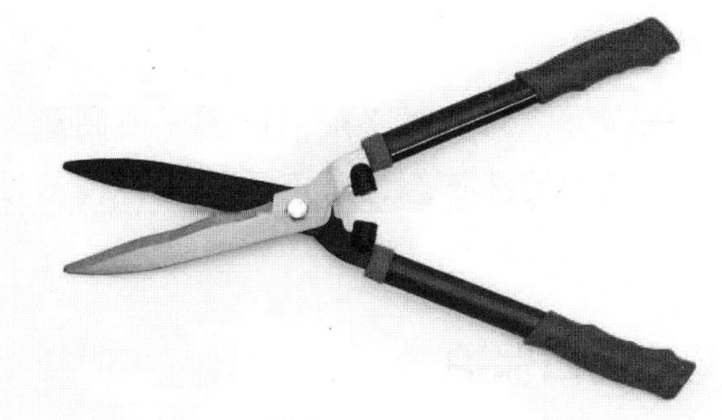

图 2–55　绿篱剪

（四）手锯（眉毛锯）

手锯为小型、弓形单面锯，轻便，操作灵活。锯片狭长，非常适用于锯截树冠内部的中型枝条，可深入树丛内膛操作。有的新型手锯为折叠式，刀片可折入手柄槽内，携带方便。锯截粗大枝干，手锯不适用时，可用木工锯替代（图 2–56）。

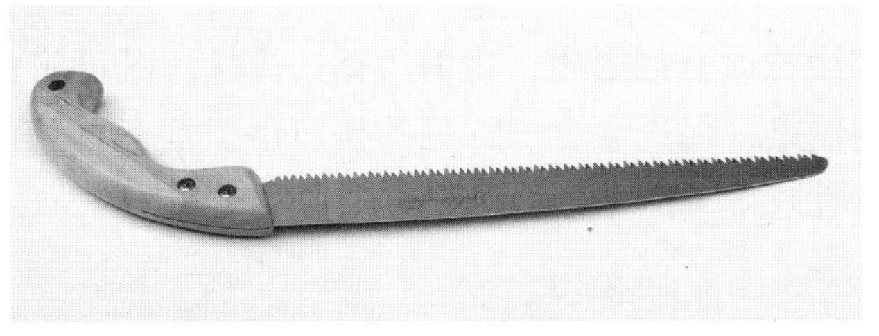

图 2–56　手锯

（五）动力修剪器械

动力修剪器械是具有动力装置的修剪器械，如油锯、绿篱机、割灌机等，有的以混合油为动力，有的以电为动力；有的外形小巧可肩负或手持操作，规格种类多样。其主要用于大面积整形修剪作业或较粗大枝条的剪截，工效高，剪口平整（图 2–57）。

图 2–57 绿篱机（左）和割灌机（右）

（六）梯子及其他用具

由于部分植物植株高大，修剪时必须借助梯子或高凳。在景区植物修剪中，为了矫正树形达到某种特殊状态，常广泛采用各种型号的绳索、铅丝、铝丝、扎带或木桩等。

二、整形修剪的伤口保护

景区园林植物修剪后如果未能有效对剪锯口进行护理，将会导致伤口愈合能力变差和腐烂病侵染率变高，从而影响树势。因此，必须采取措施，加以护理。

（一）修平剪锯口

剪锯口要平滑，特别是大的锯口要用快刀修平，以利于愈合（图 2–58）。

（二）涂抹愈合剂

剪锯口全部涂抹愈合剂封闭，边剪边锯边涂抹，既可防止水分散失，又可避免腐烂病菌侵染，促进愈合。常见的伤口保护剂有石硫合剂、涂白剂、蒸腾抑制剂、白乳胶等（图 2–59）。

图 2-58　修平剪锯口

图 2-59　涂抹愈合剂

（三）黏土保护

用细筛筛过的黏土加水调和成软糖状封闭剪锯口，可防止病虫侵入，减少剪锯口水分散失，利于愈合。

（四）锡纸保护

用锡纸蘸水后贴到植物的切口处，简单方便，遮光保湿效果好，可有效促进伤口愈合（图 2-60）。

（五）避免“陷丝”现象

所谓陷丝，指随着植物的生长，其枝条逐渐变粗，蟠扎用的金属丝、棕丝或其他材料陷入植物的皮层的现象。陷丝会对植物造成一定程度的伤害，所以，在蟠扎后的养护中，当枝条定型后要及时解除金属丝，避免“陷丝”现象发生。如果所蟠扎的枝条反弹或者定型不稳，可选择该枝条的其他部位，重新蟠扎定型（图 2-61）。

图 2-60　锡纸保护

图 2-61　拆除金属丝避免“陷丝”现象

第四节 景区园林植物整形修剪养护标准和技术

景区园林植物种类众多，有乔木、灌木、造型植物、草坪、竹类植物、藤本植物、水生植物及草花等，其整形修剪的要求各不相同，以下是景区各类植物整形修剪养护标准和部分常见园林植物整形修剪技术要点。

一、景区园林植物整形修剪养护标准

（一）乔木整形修剪养护标准

树形优美，树冠丰满，无偏冠现象；行道树林冠线一致，树干挺直，分枝点高度统一、规格一致。强度适宜，疏密得当，主侧枝条分布匀称；抹芽及时彻底；及时修除枯死枝、内膛乱枝、交叉枝、平行枝、衰弱枝、病虫枝等影响树形树势的枝条；剪口、锯口平滑，涂敷得当；与周围环境相协调，较好地解决树木与电线、建筑物、交通等之间的矛盾。如桂花、悬铃木、朴树、白蜡等。

（二）灌木整形修剪养护标准

树冠丰满，树形优美，枝条分布匀称，数量适宜；修剪科学合理，适时适度；剪口平滑，不留杈口，芽长势饱满；及时修除枯死枝、内膛乱枝、病虫枝等影响树势、树形的枝条。影响树势、树形的萌芽、萌蘖应及时抹除。如月季、玫瑰、紫薇等。

（三）造型植物整形修剪养护标准

1. 规则式植物 轮廓清楚，各面平整，直线笔直，线条整齐流畅、美观。

2. 平面式绿篱 线条整齐，顶面平整，高度一致，侧面平直、无凹凸，修剪后残留绿篱面的枝叶应及时清除干净。

3. 曲线式植物和色块 线条自然流畅，色彩鲜艳，层次分明，全株枝叶丰满，满足设计要求，无缺植断垄现象。

4. 球类植物 控制蓬径，轮廓清晰，光滑美观，符合造型要求，无冒条现象。

5. 造型植物　枝叶茂密，形体美观，轮廓清楚，表面平整、圆润平滑；不露枝干，不露捆扎物。

（四）草坪和地被植物整形修剪养护标准

草坪地势平整，无坑洼积水。地被种植密度合理，植株规格一致。生长季节不枯黄，叶片大小、颜色正常，无黄叶、焦叶、卷叶等现象。观花地被植物应及时进行花后修剪。修剪后无残留草屑，无漏草；与路缘石、绿篱结合部应断地边，分界明显、连线清晰。

（五）竹类植物整形修剪养护标准

生长健壮，散生竹挺拔俊秀，丛生竹紧凑优美。竹林密度适中，分布均匀，通风透光，干净整洁；无老竹、断竹、枯死竹、倒伏竹，无残蔸，无开花竹。

（六）藤本植物整形修剪养护标准

形态优美，枝条分布匀称，疏密得当。生长健壮、藤繁叶茂，叶色正常；无枯死枝，无非正常落叶。及时剪除徒长枝、下垂枝、枯枝、老弱藤蔓及过密枝；藤蔓分布均匀，厚度适当。

（七）水生植物整形修剪养护标准

生长旺盛，株形优美，叶面整洁；花大朵密，花色艳丽，无残花败梗；无病虫为害，无枯株枯叶，无腐株腐叶，无杂草，修剪产生的枯枝残叶随产随清，不留污迹。片栽应分布均匀，密度适中，通风采光良好。

（八）一二年生草花整形修剪养护标准

配置合理，色彩明快，线条优美，株行距适宜，土壤无板结。生长健壮，整齐一致，叶色正常，无黄叶、焦叶，生长季节无非正常落叶现象。草花株丛内外整洁，无败花残梗残株、干枯枝叶，无生产垃圾及其他废弃物。

二、景区常见园林植物整形修剪技术

（一）桂花

桂花枝叶繁茂，四季常青，是我国传统名花，亦是十大名花之一，为园林绿化的优良树种。桂花萌发力强，分枝多而密集，各枝条间差异不明显，粗细较一致，其树形和树冠的生长有较大可塑性。

1. 休眠期修剪 在秋、冬季节渐进入休眠至早春发芽前，进行全面修剪较宜。

对乔木型的桂花成年树，一般在主干离地面高 60 ~ 80cm 处选留 3 ~ 5 个分布均匀的主枝，再在各主枝上选留生长健壮、位置合适的枝条作为骨架，以抽生足够数量壮枝来保持健壮的树势，注意避免相互交叉，逐步形成自然形树冠。

桂花发枝力强大，注意对树冠外围过密枝进行疏剪，去弱留强，以增强树势，注意保持枝端间距，上下左右不重叠，枝条分布均匀，通风透光。

对树冠内的细弱枝、内膛枝、病虫枝、枯枝彻底剪除，并疏剪过密枝，以利于通风透光，让树冠内留下的枝条能接受阳光的照射，促使生长、开好花。

2. 生长期修剪 每年 4 ~ 5 月及时抹去主干上的不定芽，剪除从植株基部长出的蘖枝，减少营养损失，避免树势衰颓，保证树冠的扩大与枝条的充实。

根据着生部位枝条的疏密度，及时将徒长枝从基部剪除或短截来填补空间。短截的程度要与树冠相协调，即长度不能超过树冠。处理徒长枝后，使营养均匀分配，发枝粗壮，多开花。

3. 老树修剪 树势衰老的桂花树，新梢抽生短，开花稀少，且树干往往会出现腐朽现象。此时，要采取回缩修剪（图 2–62）。

图 2–62 整形修剪后的桂花

对骨干枝进行回缩修剪。回缩到长势较健壮的部位，促使中下部萌发新梢，增加枝叶，扩大光合作用范围。

将枯萎的枝干进行强度短截修剪，直至主干上部及一级主枝，促使萌发新枝，达到复壮目的。

（二）悬铃木

悬铃木树体高大，树冠宽大，枝叶茂盛，生长迅速，广泛用作行道树，亦可作庭荫树，是世界著名的四大行道树之一。悬铃木极耐修剪，通过合理的修剪，在增强树体自然免疫力的同时，可使树形挺拔优美、枝干疏密有致，形成优美的景观效果。

1. 整形修剪的时间　整形修剪时间一般为 11 月底至翌年春季初芽萌动前。

2. 整形修剪

（1）合轴主干形修剪。合轴主干形修剪即自然式修剪，保留强壮顶芽，在树冠顶部选一强势、直立的主枝作为中央主干枝，将其余主枝短截和疏剪，以促进中央主干枝的旺盛生长，逐步形成挺拔的主干，并使各级分枝生长健壮，树冠不断扩大。大树成形后，一般不作过多修剪（图 2-63）。

（2）杯状造型修剪。当树高 3.5m 左右时截去主干，生长期内在剪口处保留 3 个壮芽，将其余的芽及时剥除，以形成三大主枝。第一年冬季，在每个主枝上选留 2 个二级主枝并短截，以形成 6 个三级主枝。第二年冬季，在 6 个三级主枝上各选留 2 个枝条并短截。如此，通过两年的造型修剪，则形成“三主六枝十二叉”的杯状造型。大树成形后，宜每年冬季作一次修剪，主要对其外围侧枝进行修剪（图 2-64）。

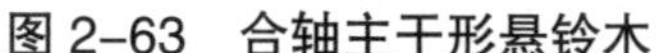

图 2-63　合轴主干形悬铃木

图 2-64　杯状造型悬铃木

（三）紫薇

紫薇树形优美，被广泛应用于各种绿地中，是优良的夏季观花树种。修剪以休眠期为主，生长期为辅。科学的整形修剪，不但可以调节紫薇树体的养分分布，扩大树冠，提高开花质量，增加花枝数量，而且能使紫薇的姿态各具特点，使老树苍老奇特，枝条飘逸潇洒，符合景区景观要求。

1. 休眠期修剪 根据紫薇的生长习性及园林中的栽培配置形式，可分为乔木型和灌木型两种整形修剪方式。

（1）乔木型。培养具有一定高度的主干，一般 1 ~ 1.5m，主干上保留 3 ~ 5 个主枝，每个主枝选留 2 ~ 3 个侧枝，每年逐次向外扩展，形成有主干、自然分层的伞形骨架。首先疏除主干、主枝上的萌枝，保留大角度自然开张的各级侧枝，将细弱、过密、并生等侧枝疏除。重点对一年生枝疏剪、短截，在保留的二年生侧枝上留 2 ~ 3 个一年生枝，一般在 20 ~ 30cm 处短截，注意芽口朝外（图 2–65）。

（2）灌木型。培养多干丛生形，根据树冠大小留 3 ~ 5 个健壮枝干，高度为 0.8 ~ 1m，每个枝干上留 2 ~ 3 个侧枝，逐年向外扩展树冠，注意及时疏除内膛直立向上的枝条，保留外围开张角度较大的枝条。一年生枝处理与乔木基本相同，唯一区别是强度短截，控制植株高度。

2. 生长期修剪 4 ~ 5 月对短截后萌发的新芽、新枝进行抹芽处理。根据位置、数量、生长状况保留合适数量的壮枝，其余摘除。如枝条较少，可在新梢长至 10cm 时进行 1 次摘梢，留基部 2 ~ 3 个芽，待这些芽长出的分枝有 6 ~ 7 片叶时再次摘梢，可快速扩大树冠。

当花失去观赏价值时及时剪除残花，减少营养消耗。如为促进二次开花，则可在开过花的花枝下部，留 2 ~ 3 个壮芽，其余剪除，配合水肥管理，可再次抽枝开花。

3. 其他 近年来紫薇桩景和野生紫薇应用较多，常用高接换头更新品种，需及时除去砧木萌芽。

紫薇枝条常扭曲在一起，容易相互愈合，实践中常利用这一特点进行花瓶、屏风、花篮、鸟兽等造型。桩景造型修剪更加精细，应参照盆景的修剪。

图 2-65　乔木型紫薇

（四）红叶石楠

红叶石楠树冠浓密，新叶火红艳丽，可作园景树亦可作色篱，是景区流行的常绿色叶树种之一。此外，其花、果均可观赏。合理地对红叶石楠进行修剪，可以让植株变得更加健壮，也会使树体变得更加圆满、均匀、紧凑，更能很好地改善植株的通风、透光性，减少病虫害的发生，塑造更完美的树形。

1. 球形树的修剪

（1）休眠期修剪（冬季修剪）。红叶石楠枝叶茂盛，不加整形也能成为近球形，大多自地面丛生，无明显主干，在冬季停止生长期即可进行一次维护树形的修剪。注意树冠外形与景观协调，中间过密小枝要疏剪，一般不必多剪。有的球形树若已具有一定高度的主干，对主干上萌发的小枝必须剪尽，保持光洁。

（2）生长期修剪。红叶石楠叶色随气温和生长程度四季有变。叶色以初春新叶最为艳丽，自 3 月下旬发芽至 4 月为最佳观赏期，在此期间不宜修剪。5 月后气温渐升，叶色开始转绿，此时新梢生长已参差不一，5 ~ 6 月可开始修剪整形，8 ~ 9 月可再次修剪以促进新梢萌发，其他时段可根据实际生长情况及景观需求进行适时适度修剪。

2. 绿篱修剪（含色块、色带修剪）　红叶石楠作绿篱、色块或色带种植时，可参照球形树的修剪（图 2-66）。第一次在春末夏初春梢已完成生长、叶色泛绿时进行；第二次在夏末秋初，可剪去过长夏梢；第三次在秋末冬初，剪去娇嫩的秋梢，促使安全越冬。

3. 自然树形修剪 红叶石楠植株生长快，成枝力强，耐修剪，可培养不同树形，如乔木形或丛生形。红叶石楠作为园景树，有很大的观赏价值，修剪时做到花、果兼顾。

图 2-66 红叶石楠球（左）和红叶石楠绿篱（右）

（五）月季

月季四时常开，被称为"花中皇后"，在园林中常用于布置花坛、花境及盆栽等。对月季进行科学的修剪整形，可减少其养分消耗，促进侧芽生长，改善通风透光条件，促进开花，也可控制花量和开花时间。

1. 休眠期修剪 在早春萌芽前进行，先剪除枯枝、病虫枝、交叉枝、细弱枝和残留的老枝干及基部萌蘖枝，然后根据不同品种及长势等进行不同强度的修剪。

（1）灌木型月季修剪。

①培育特大花朵的修剪：需重剪，将当年充实枝条留 3 ~ 5 枝，每枝上留 4 ~ 5 个芽，其余剪除。

②花坛月季修剪：留 4 ~ 5 个枝条，距地面 35 ~ 45cm 处短截，各枝适当保留 1 ~ 2 个侧枝，侧枝上各留 2 个芽后剪除，注意株丛外形的均匀，修剪时注意强枝弱剪、弱枝强剪，以分散长势，使枝条均匀生长，以利于植株有一个较完整的株形。

③大株丛月季修剪：适当剪去过密枝，对老主枝冬季适当截顶，花盛开时则非常美丽壮观。

（2）蔓生月季品种修剪。种植当年，除忌避枝以外一般不修剪，2 ~ 3 年以上的衰老枝要及时剪除，对根部发生的过多枝适当剪除一些，以利于植株生长和开花。修剪老枝要在夏秋花后，同时要将当年抽生的长枝固定在花架上，一般在早春萌芽前将所有侧枝留基部 2 ~ 3 个芽，截去其余枝条，以促进新枝开花。

（3）乔木型高干月季修剪。通常指直立型灌木月季，经过 2～3 年培育，主干留 60～100cm，主干上选留 3～5 个主枝形成骨架，支撑开花侧枝。在主干上，留 3 个健壮的外向芽，培育一年后短截，使其扩大树冠，通过反复修剪，逐步形成伞状树冠。主枝上新生侧枝是乔木型月季开花的主要枝条，要增加开花数量，必须促进主枝健壮，多分生中庸侧枝。每个主枝上的侧枝尽量分生两侧，互相错落有致。侧枝通常保留 3～5 个芽短截，靠近主枝先端的可适当多保留。若树冠扩展枝条过长或呈水平甚至下垂状，而主枝基部出现光秃时，可回缩修剪至主枝基部健壮新枝处更新树冠。当树冠过大时需设支架支撑（图 2–67）。

图 2–67 灌木型月季修剪（左）和乔木型高干月季修剪（右）

2. 生长期修剪

（1）月季开始萌芽时，芽口繁密，芽的强弱、生长速度等参差不齐。应疏除细弱芽、内生芽及重叠芽等，待新枝花蕾形成后，根据品种及生长状况摘除部分花蕾，使花蕾的数量及空间布局合理。

（2）为了增强月季的景观效果，景区月季一般建议每年大面积开两次花。第一次集中在五一劳动节前后，第二次集中在国庆节前后。第一次开花后，在花枝基部以上 10～15cm 或留 2～3 个健壮腋芽处剪除，以增强新发枝长势。花枝修剪后，适当抹芽、剥蕾（图 2–68）。

图 2–68 灌木型月季（左）和乔木型高干月季（右）

（六）龙爪槐

龙爪槐为槐的栽培品种，枝叶繁茂，华盖如伞，枝干呈龙盘状盘曲下垂。合理的整形修剪，可提高龙爪槐的观赏效果。

1. 树形选择 龙爪槐根据枝条下垂的特点，一般整形修剪成伞形，其伞形又因其整形方法不同，分为龙头伞形和平顶伞形两种。

2. 整形修剪

（1）龙头伞形。龙头伞形修剪，主干高度一般定 3m 左右。可选择国槐为砧木，在砧木树干上选留不同高度的枝条作主枝，主枝与主枝之间应相距 20 ~ 30cm，进行高接。当枝条生长到 30cm 以上时，在未木质化前，主枝顶部进行弯枝和蟠扎，将枝条向四周均匀分布，形成龙头伞形。

春季发芽前对小侧枝进行疏剪，剪下位枝，留上位枝，特别是剪除下垂部分的芽，对侧枝上长势过旺的枝条要进行短截，短截时一定要注意剪口芽的方向，宜选择枝条斜上位的芽为剪口芽，或将芽口留在弥补树冠空缺的一侧。萌芽后，及时抹芽。

（2）平顶伞形。主干留高 1 ~ 2m，选择均匀分布的主枝 3 ~ 4 个嫁接，或直接嫁接在砧木主干上；嫁接第一年休眠期短截，留 20 ~ 30cm 为宜，促发分枝，春季通过抹芽每个枝保留 3 ~ 4 个分枝作第一层侧枝，休眠期修剪中短截，形成基本骨架。对选留的下垂枝条短截，留 1/4 ~ 1/3 促发分枝。对局部偏冠苗木，可牵引附近枝条补充。生长期间及时剪除砧木上的蘖芽与蘖枝（图 2–69）。

图 2–69 龙爪槐的休眠期修剪

（七）紫藤

紫藤是著名观花藤本植物，芳香怡人，常作棚架、门廊、凉亭、灯柱及山石绿化材料，亦可作盆景材料。合理的修剪，可以改善紫藤通风透光条件，有效减少病虫害的发生。同时，也可促进开花，提升景观效果。

1. 休眠期修剪 定植初期，可采用人工辅助手段将选留的健壮主茎导向攀附物，剪去先端嫩枝。主干上的主枝，在中上部留 2 ~ 3 个芽，作为辅养枝。第二年冬季，对架面上中心主枝短截至壮芽处，待第二年生发强壮主枝，选留 2 个枝条作第二、第三主枝，并短截，逐步铺满整个架面，并使枝条尽量分布均匀。

2. 生长期修剪 开花后，可剪除部分花穗，以免过度消耗营养。夏季可对枝条进行弱剪，以促进花芽形成。分批剪去从根部发生的萌蘖枝，使主干光洁而粗壮。

对生长多年的藤架要剪去过密枝，保持疏密得当（图 2–70）。

图 2–70 修剪后的紫藤

第三章　景区植物病虫害防治

园林植物在生长发育过程中，往往会受到各种病虫的侵害，轻者使植株生长发育不良，叶片、花朵、果实、根茎出现坏死斑或发生畸形、变色、腐烂、枯萎及落叶等现象，重则引起品种退化，甚至整株死亡，降低观赏价值和景观效果，给景区造成重大损失。

随着园林植物品种的日益丰富，以及本身所处环境的特殊性，决定了园林植物病虫害防治的复杂性和特殊性。为有效做好园林植物病虫害防治工作，在严格遵循“预防为主、综合防治”的植保方针的基础上，积极探究园林植物的病害症状识别，发生规律及害虫的为害特点、生活习性、预测预报和防治方法，做到“勤观察、早发现、早防治”，确保园林植物健康生长，保护植物景观和自然风貌，美化景区环境，推动旅游业健康发展。

第一节　病虫害基本理论知识

一、病害

1. 植物病害的概念　植物遭受生物或非生物因素的侵袭，在生理上、组织上、形态上发生一系列病理变化，致使植物的生长发育受到明显阻碍，甚至全株死亡，严重影响观赏价值和园林景观，造成了一定的经济、生态和社会损失，这种现象称为植物病害。如玫瑰锈病，发病严重时造成提早黄叶、落叶，影响观赏、生长和开花（图 3–1）；朴树、栀子、银杏等植物叶片发黄，是由于缺素、光照不适、水分失当、营养失调、土壤质地黏重等原因引发（图 3–2）。

图 3–1 玫瑰锈病

图 3–2 朴树黄化病

2. 植物病原种类 引起植物发生病害的原因称病原，根据植物病原种类将病害分为侵染性病害和非侵染性病害。

（1）侵染性病害。该类病害由生物因子引起，能相互传染，有侵染过程，称为侵染性病害，病害多以真菌、细菌、病毒、线虫等病原种类引起为主，受害后常先出现中心病株，有从点到面扩展为害的过程。

（2）非侵染性病害。该类病害由非生物因子引起，不能互相传染，没有侵染过程，称为非侵染性病害或生理性病害。病害多以缺素症产生黄化、小叶、花叶，高温灼伤、低温冻害、土壤水分不足引起枯萎，排水不良造成根系腐烂，药品使用不当等原因引起为主，受害后常全株发病、大面积成片发生病害（表 3–1）。

表 3–1 侵染性病害与非侵染性病害的区别

病原	侵染性病害	非侵染性病害
发病因素	生物因素	非生物因素
传染性	传染	不传染
分布	不均匀，有发病中心	均匀一致，成片发生
病症	多数有病症	无病症

3. 植物病害的症状和类型

（1）病害的症状。症状是指植物感病后，在外部形态上所表现出来的不正常变化。症状又分为病状和病症。植物病害一般先表现病状，病状易被发现，而病症常要在病害发展过程中的某一阶段才能显现。如大叶黄杨褐斑病，在叶片上形成的近圆形、灰褐色的病斑是病状（图 3–3），后期在病斑上由病原菌长出的小黑点是病症（图 3–4）。

图 3–3　病状

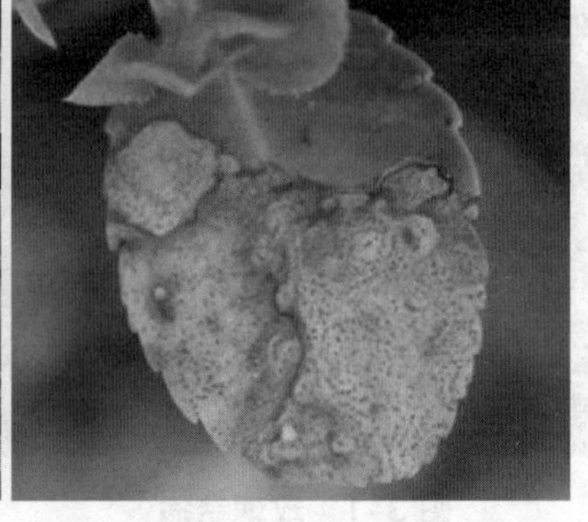
图 3–4　病症

（2）症状的主要类型。植物病害的症状种类很多，常见的病状有变色、坏死、腐烂、萎蔫、畸形等类型，常见的病症有霉状物、粉状物、颗粒状物、菌脓等类型。

二、虫害

1. 虫害的概念　有害昆虫对植物生长造成的伤害，称为虫害。

2. 害虫分类　根据园林植物主要昆虫所属目、科的分类特征，与园林植物密切的昆虫主要目有直翅目、半翅目、缨翅目、鞘翅目、鳞翅目、膜翅目、双翅目等。此外，螨类（红蜘蛛）属于蛛形纲蜱螨目，但在实际防治过程中，将其与其他昆虫一并谈论。

根据为害特点，害虫可以分为食叶类、蛀干类、介壳虫类、木虱类、螨类、地下害虫等类别。

第二节　园林植物常见病害及防治

一、生理性病害

园林植物生理性病害由营养元素失调，土壤水分失调，温度、光照、土壤酸碱度不适宜及反季节移栽等多种因素引起，造成黄化、小叶、花叶等症状，植株叶片失去生机，严重时影响景区植物观赏效果。该类病害发病时间较为一致，成片、成块发生，病斑的形状、大小、色泽分布规律。

1. 黄化病　常见于桃、栀子、悬铃木等植物，叶片变薄，叶色苍白，但叶脉仍呈绿色，症状多表现在植株顶端。

（1）银杏黄化病。

症状：该病常因缺乏营养元素引起。8月树体顶端叶片开始发黄且逐渐脱落，严重时整株叶片枯黄，提前脱落，缩短生长期（图3–5）。

图3–5 银杏黄化病

防治方法：加强肥水管理，6～7月施用氮磷钾复合肥1次，一般每株施100～200g，根据树势适量增减。

（2）栀子黄化病。

症状：该病多由缺铁引起，缺少其他营养元素也可引起黄化。缺铁时幼叶叶脉失绿发黄，严重时整个叶片发黄，出现焦叶、枝枯，甚至植株死亡。缺镁时黄化病从老叶开始逐渐向新叶发展，但叶脉仍呈绿色，严重时叶片脱落死亡。缺钾时老叶由绿变黄。缺氮时单纯叶黄，新叶小而脆。缺磷时老叶紫红色或暗红色（图3–6）。

图3–6 栀子黄化病

防治方法：①根际施肥，打孔灌注1∶30硫酸亚铁溶液。②树干注射硫酸亚铁15g、尿素50g、硫酸镁5g、水1 000mL的混合液。③叶片追肥，根据症状及时追肥，如缺铁可喷施0.2%～0.5%硫酸亚铁溶液，缺镁可喷施0.7%～0.8%硼镁肥溶液，缺钾可喷施0.2%～0.3%磷酸二氢钾溶液，喷施2～3次，每次间隔7～10d。

（3）香樟黄化病。

症状：香樟树叶片发黄大多数情况是缺铁性黄化病，因香樟为喜酸性苗木，若长期生长在偏碱性土壤中会影响根系对铁元素及其他微量元素的吸收。发病初期，枝梢新叶的脉间失绿黄化，但叶脉主脉仍保持绿色，黄绿相间现象突出。随着黄化程度的加重，叶片由绿变黄、变薄，叶面有乳白色斑点，叶脉失绿，呈极淡的绿色，随后全叶发白，局部坏死，叶缘焦枯，叶片凋落，严重时，造成枝梢枯顶整株死亡。该病开始多发生在樟树顶端，新叶比老叶严重，冬、春季比夏季严重（图 3–7）。

图 3–7　香樟黄化病

防治方法：①增施有机肥，改良土壤结构。②偏碱土壤，加施硫酸亚铁每平方米 150g。③在根系周围打孔灌注 1∶30 的硫酸亚铁溶液，树干注射硫酸亚铁 15g、尿素 50g、硫酸镁 5g、水 1 000mL 的混合液。④叶面喷施 0.1%～0.2% 硫酸亚铁溶液。

2. 小叶病　常见于桃、苹果等植物，由于土壤中锌元素缺乏或不可溶状态，导致植物不能吸收利用，花芽易脱落，果实干瘪。

桃小叶病

症状：缺锌引起，主要为害枝梢，枝梢节间缩短，叶簇生，叶片呈长条形，褪绿形成斑叶和皱叶，严重时病枝逐渐枯死（图 3–8）。

图 3–8　桃小叶病

防治方法：①加强肥水管理，秋季落叶前，施用氮磷钾复合肥 1 次，每株成树加施硫酸锌 250 ~ 300g。②合理修剪，控制秋季梢过旺，防止冬季前枝条木质老熟、充实度不够，易发生冻害。③发芽前 10d 左右喷施 3% ~ 5% 硫酸锌溶液，盛花期后 20d 喷 0.2% 硫酸锌溶液 +0.3% 尿素，每隔 5 ~ 8d 喷 1 次，共 2 ~ 3 次。

二、真菌性病害

园林植物感染真菌后，叶片、枝条、主干、果实、根部等部位出现病斑，在潮湿的条件下产生菌丝、孢子，病斑上有粉状物、霉状物或者流有液体，或病斑呈黑色或褐色等不同颜色，重点是无臭味，这是区别于细菌性病害的典型特征。

1. 白粉病　寄主植物有紫薇、黄杨、月季、十大功劳、玉兰、黄栌、枫树、朴树等，主要为害植物的花、果实、叶片和嫩枝，覆盖白色粉末，病斑开始为小块白斑，严重时整个叶片布满白斑连成一片，后期着生黑色小点。

（1）紫薇白粉病。

症状：发病初期，叶上出现白色小粉斑，扩大后呈圆形或不规则形褪色斑块，并覆盖一层白色粉状霉层，后期白粉状霉层会变为灰色。花受侵染后，表面被覆白粉层，花穗畸形，失去观赏价值（图 3–9）。

图 3–9　紫薇白粉病

防治方法：①加强日常管理，合理栽植，通风透光，增施磷钾肥，控制氮肥，提高抗病能力。②冬季清除落叶、病梢，集中烧毁，翻土覆盖，防止菌丝体越冬。③ 4 月初，发芽前喷施 1% 波尔多液，5 月中旬，喷洒 80% 代森锌可湿性粉剂 500 倍液，或 70% 甲基托布津 1 000 倍液，每 10d 喷 1 次，共 2～3 次。

（2）大叶黄杨白粉病。

症状：主要为害幼嫩新梢和叶片，多发生于叶背。发病初期，叶片出现黄色小点，后扩大形成圆形或椭圆形病斑，表面生有白色粉状霉层，抹去白色粉状霉层，发病部位出现黄色圆斑（图 3–10）。

图 3–10　大叶黄杨白粉病

防治方法：①改善栽培条件，栽植于干燥、光照充足、无积水且土壤肥沃的地块。②加强肥水管理，增施磷钾肥，适量氮肥，注意抗旱排涝，增强植株长势，提高抗病能力。③结合修剪，剪除病枝病叶，集中烧毁，及时对老株、病株更新复壮。④春季，于子囊孢子飞散期，喷 3～5 波美度石硫合剂。在展叶期和生长期，尤其是 4～5 月和 9～10 月，重点防治，具体药剂同紫薇白粉病。

（3）月季白粉病。

症状：为害叶片、嫩梢、花蕾及花梗等部位，发病初期叶片表面上出现白色霉点，并逐渐扩展为霉斑，连成一片，覆盖整个叶面，后期白色霉层上出现黑色颗粒物。嫩叶感病后，叶片皱缩、卷曲畸形，有时呈紫红色；老叶感病后，叶面出现近圆形水渍状褪绿黄色斑，与健康组织无明显界限，叶背病斑处有白色霉状物；嫩梢及花梗受害部位略膨大，顶部向地面弯曲；花蕾受害后，开花不正常或不能开花（图 3–11）。

图 3–11　月季白粉病

防治方法：①加强通风透光，增施磷钾肥和适量氮肥。②药剂防治同紫薇白粉病。

（4）狭叶十大功劳白粉病。

症状：主要为害叶片，整个叶面出现白色粉状物。发病初期，受侵害的叶片上面会出现白色的小粉斑，随后扩大呈圆形病斑或不规则形白粉斑块。严重时，白粉斑块会相互连接成片，整个叶片上覆盖白色的粉状霉层（图3–12）。

图 3–12　狭叶十大功劳白粉病

防治方法：①加强栽培管理，合理控制密度，注意通风透光，增施磷钾肥和适量氮肥，提高植株抗病性。②结合修剪，去除病枝、病芽和病叶，集中烧毁，减少侵染源。③药剂防治同紫薇白粉病。

2. 锈病　病原菌为梨胶锈菌和山田胶锈菌，属转主寄生菌，需要在两类不同的寄主上完成其生活史。性孢子器、锈孢子器产生在梨、苹果、海棠等植物上，冬孢子、担孢子则产生在桧柏、圆柏、龙柏等松柏科树木上。寄主植物有梨、苹果、海棠、山楂、桧柏、圆柏、龙柏、玫瑰、竹子等，主要为害植物的叶片、果实、枝条、树干，出现淡黄色或黄褐色粉状物，后期出现条状、毛状或毡状凸起。黄褐色粉状物是锈病的直观表现。

（1）桧柏—梨（苹果、海棠）锈病。

症状：在梨、苹果、海棠的叶片上，初期病斑为黄绿色，渐变为橙黄色圆形斑，边缘红色，后生有黑色粒状物（性孢子器），在叶背面相应处形成黄白色隆起，并着生黄色毛状物（锈孢子器）。果实多在幼果期受害，初为近圆形黄色病斑，后变为褐色，有时也生出淡黄色毛状物。冬孢子堆生于桧柏、圆柏的嫩枝上，球形，蚕豆粒大小，紫褐色，表面具有不规则波纹，

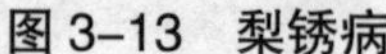

图 3–13　梨锈病

图 3–14　桧柏锈病

遇潮湿或下雨时膨裂，呈橙黄色舌状（图 3–13、图 3–14）。

防治方法：①加强栽培管理，将梨、苹果、海棠等植物与桧柏、圆柏、龙柏等转主寄主严格隔离，避免混植。同时，考虑风景区或绿化区内桧柏、圆柏、龙柏等转主寄主不能清除时，应在 3 月上中旬（梨树发芽前）剪除桧柏、圆柏、龙柏等转主寄主上的病瘿，并喷 4 ~ 5 波美度石硫合剂 1 ~ 2 次，铲除越冬病菌，减少侵染源。②合理灌溉施肥，人工及时刮除病皮、摘除病果，增强树体抗病性。③在 3 月中下旬，冬孢子角膨大将要萌发产生担孢子前或在 8 ~ 9 月，锈孢子传播，侵染桧柏、圆柏、龙柏等转主寄主时，可喷施 25% 粉锈宁可湿性粉剂 2 500 倍液，或 1∶1∶160 倍波尔多液，每隔 10 ~ 15d 喷 1 次，共喷 3 ~ 4 次。

（2）竹竿锈病。

症状：病害多发生在竹竿的中下部或基部，有时小枝上也发生。受害部位产生黄褐色或暗褐色粉质的垫状物（病菌的夏孢子堆），成椭圆形或长条形。11 月至翌年春季产生橙褐色如天鹅绒状，着生紧密，不易分离，呈革质的垫状物（病菌的冬孢子堆）。黄褐色垫状物脱落后，竹竿发病部位成黑褐色（图 3–15）。

图 3–15　竹竿锈病

防治方法：①加强竹林管理，合理密植，改善通风条件，及时清除病株，减少侵染源。②分别在春秋季节，夏孢子堆和冬孢子堆产生前，喷 1∶1∶100 倍波尔多液或 15% 粉锈宁 800 ~ 1 000 倍液 2 ~ 3 次。

3. 炭疽病　寄主植物有葱兰、玉兰、君子兰、碧桃、大叶黄杨、百合等，主要为害植物的叶片和新梢，也可为害花、果、茎、叶柄等。该病分急性型和慢性型，急性型典型症状是初期呈暗绿色，似开水烫伤状，后期呈褐色至黑褐色，病部腐烂。慢性型典型症状是病斑呈灰白色，其上生有呈轮纹状排列的黑色小颗粒。

（1）葱兰炭疽病。

症状：发病初期，叶上均匀出现红褐色针尖大小的病斑，后病斑逐渐扩大，多个病斑汇聚形成红褐色段斑，长达 5 ~ 8cm。发生在叶先端的病斑向下延伸，使叶片产生节状褪绿段斑，并由黄色变为红褐色卷曲状枯死，枯死部分可占整个叶片的 1/5 ~ 3/5，病、健组织的界限明显。严重时，整丛葱兰的大部分叶片呈红褐色卷曲状枯死（图 3–16）。

图 3–16 葱兰炭疽病

防治方法：①加强栽培管理，改善土壤条件，合理密植，增施有机肥时，适当增加磷钾肥，促使植株发育健壮。②秋季结合清园彻底清除病株和病叶，并集中烧毁，减少病菌侵染来源。③发病初期，用 70% 甲基托布津可湿性粉剂 1 000 倍液，每隔 10 ~ 15d 喷 1 次，连喷 3 次。

（2）碧桃炭疽病。

症状：新梢染病，呈长椭圆形褐色凹陷病斑，病梢侧向弯曲，严重时枯死。叶片染病产生淡褐色圆形或不规则形灰褐色病斑，其上产生橘红色至黑色粒点。后病斑干枯脱落穿孔，新梢顶部叶片萎缩下垂，纵卷成管状（图 3–17）。

防治方法：①加强栽培管理，合理灌溉施肥，提高植株抗病性。②秋季修剪，增施基肥，将清除的病梢、枯死枝、僵果深埋于施肥坑内。③发芽前喷洒 5 波美度石硫合剂，消灭越冬病菌。生长期可用 80% 炭疽福美可湿性粉剂 800 倍液喷雾防治。

图 3–17　碧桃炭疽病

（3）蜡梅炭疽病。

症状：主要为害叶片，发病多从叶尖、叶缘开始，呈椭圆形不规则病斑，灰褐色至灰白色，有时呈淡红色，边缘红褐色至褐色，后期病部散生黑色小粒点，病斑易破裂（图 3–18）。

图 3–18　蜡梅炭疽病

防治方法：①加强养护管理，增施磷钾肥，提高抗病能力。合理修剪，花谢后发叶前重新修剪一次，剪除病弱枝、枯枝、交叉枝。②发芽前喷 4 ~ 5 波美度石硫合剂，发芽后喷 50% 炭疽福美可湿性粉剂 500 倍液，或 70% 甲基托布津可湿性粉剂 1 000 倍液喷雾防治。

4. 灰霉病　寄主植物有天竺葵、海棠类、香石竹、百合花等。主要为害植物叶片、嫩茎和花器等部位。发病初期，病部出现水渍状斑点，随后病斑逐渐扩大，病组织变成褐色至黑色，出现腐烂现象，后期病部表面形成一层灰色至灰褐色霉层；茎部、花器感病后会出现褐色不规则形的病斑，后期病部软腐；在密闭、潮湿的条件下，更易发病。

（1）天竺葵灰霉病。

症状：植株中部的花先受到侵染，花瓣边缘变褐色，导致花提前凋萎、干枯和脱落。叶片发病，引起叶斑，病斑水渍状，不规则，褐色病斑软腐并长出灰霉层，后期干缩。茎及叶柄发生水渍状病斑，迅速向上下扩大软化腐烂（图 3–19）。

图 3–19　天竺葵灰霉病

防治方法：①加强栽培管理，合理浇水，控制湿度。②少量发病时，摘除病叶、病花及病枝，集中销毁。③发病后，用 50% 多菌灵可湿性粉剂 500～800 倍液或 65% 代森锌可湿性粉剂 500～800 倍液喷雾防治，每隔 7～10d 喷 1 次，连喷 2～3 次，注意交替用药，防止产生抗药性。

（2）秋海棠灰霉病。

症状：主要表现在叶和花上，叶上发病从叶缘开始，生褐色或红褐色病斑，在潮湿的条件下，病斑迅速扩大，整个叶片呈黑色腐烂，表皮出现灰色霉层，花枯萎变褐色（图 3–20）。

图 3–20　秋海棠灰霉病

防治方法：①加强肥水管理，通风降湿。②发病初期，用50%腐霉利可湿性粉剂1 500～2 000倍液喷雾防治。

5. 叶斑病　寄主植物有金森女贞、红叶石楠、黄杨、月季、紫荆、五针松、马尾松、樱花、悬铃木等，叶片受害后出现斑点状病斑，依据病斑形状颜色等分为叶斑、黑斑、角斑、褐斑、轮纹、圆斑、枯斑等。

（1）金森女贞、红叶石楠、大叶黄杨叶斑病。

症状：金森女贞受害部位为叶片，叶上病斑圆形至近圆形，大小2～6mm，中央浅褐色，四周边缘色深，病斑上有时生少量褐色小点；红叶石楠受害部位为叶片和茎部，叶片受害，先出现褐色小点，后逐渐扩大成多角病斑，在叶片正面为红褐色，背面为黄褐色，严重时，病斑可连成块，造成全株枯死；大叶黄杨受害部位为叶片，发病初期，叶上有黄色小斑点，渐渐地变为黄褐色斑，扩大为近圆形或不规则形，中央灰白色，有浅褐色同心轮纹，边缘深褐色稍隆起，病斑内密生细小黑色霉点。病斑干枯后与健部裂开，直至形成穿孔（图3–21）。

图3–21　金森女贞叶斑病

防治方法：①加强栽培管理，合理密植，增施磷钾肥，减少氮肥，提高植株抗病性。②适当修剪，及时将病枝、病叶、枯枝叶清除干净，并集中销毁。③新叶展开时，喷施25%多菌灵可湿性粉剂500倍液，或80%代森锌500倍液喷雾防治。

（2）月季黑斑病。

症状：发病初期，叶片正面出现紫褐色至褐色小点，后逐渐扩大成直径1.5～13mm的紫黑色近圆形或不规则形病斑，病斑之间相互连接，叶片变黄脱落，严重时叶片全部落光，枝条枯死（图3–22）。

图 3-22 月季黑斑病

防治方法：①加强栽培管理，增施有机肥和磷钾肥，适量氮肥，合理灌溉，保持叶片干燥，防止病菌孢子萌发侵入，提高植株抗病力。②秋季彻底清除枯枝落叶，集中烧毁，减少侵染源。③早春发芽前，喷 3～4 波美度石硫合剂，于 6～8 月发病高峰期，用 75% 百菌清可湿性粉剂 500 倍液或 50% 多菌灵 500～800 倍液，每隔 10～14d 喷 1 次，喷 2～3 次。

（3）紫荆角斑病。

症状：此病发生于叶上，病斑受叶脉限制，呈多角形，褐色至黑色，分大病斑、小病斑两种，病斑上有淡黑色细小霉点，病斑相互连接成片，叶片枯死，植株生长不良，多雨季节发病重，病原在病叶及残体上越冬（图 3-23）。

图 3-23 紫荆角斑病

防治方法：①秋季及时清除病叶、枯叶，集中烧毁，消灭初次侵染源。②发病时，用 1∶1∶200 倍波尔多液，或 50% 多菌灵可湿性粉剂 700～1 000 倍液，或 70% 代森锰锌可湿性粉剂 800～1 000 倍液喷雾防治，每隔 10d 喷 1 次，连喷 3～4 次。

（4）油松落针病。

症状：感病初期，针叶上出现黄色斑点或段斑，晚秋变黄脱落。翌年在病叶上出现黑色或褐色细横线，将针叶分割成若干段，并在横线间产生椭圆形黑色或褐色小点，即分生孢子器。有的病叶枯死而不落，同样在横线段间产生子实体；有的还有上部针叶都枯死，下部仍保持绿色（图 3–24）。

图 3–24　油松落针病

防治方法：①加强松林抚育管理，合理营造混交林，提高抗病性。②修除重病株的下层枝，冬季清除病叶，集中烧毁，减少侵染源。③春夏子囊孢子散发高峰期之前用 5% 咪鲜胺乳油 500～600 倍液，或 50% 多锰锌可湿性粉剂 400～600 倍液喷雾防治。

（5）桂花褐斑病。

症状：叶片正反面均有病斑，近圆形，初仅为褐色斑块，后期叶面病斑中央呈灰白色至浅褐色，边缘呈红褐色至暗褐色，外具浅褐色晕，叶背病斑呈褐色（图 3–25）。

防治方法：①加强养护管理，结合树冠整形，剪除弱病枝，调整枝叶疏密度，增强树势。②发病初期，用 50% 甲基硫菌灵·硫黄悬浮剂 800 倍液，或 25% 苯菌·环己锌乳油 800 倍液喷雾防治。

图 3–25　桂花褐斑病

（6）桃流胶病。

症状：桃树枝干发病后病部初起时稍肿起，分泌出赤褐色软胶，干时硬化（图 3–26）。

防治方法：①加强肥水管理，增施有机肥，花露红前用石硫合剂涂抹树枝清园处理增强树势，提高抗病性。②科学修剪，注意疏花疏果，减少负载量，及时疏枝回缩，冬季少疏枝，减少伤口。③ 4～5 月，用 70% 甲基托布津可湿性粉剂 1 000 倍液喷雾防治，每隔 10～15d 喷 1 次，连续 3～4 次。

图 3–26　桃流胶病

三、细菌性病害

植物感染细菌后，叶片病斑无霉状物和粉状物，病斑处容易破裂和穿孔，根茎叶易腐烂，果实上有疮痂表面凸起，根部维管束变褐色，病部溢出细菌黏液，有臭味。

（1）碧桃细菌性穿孔病。

症状：叶受害最重，也为害枝和果。发病初期叶片首先出现红褐色小斑，后逐渐扩展为圆形或近圆形，直径为 1 ~ 4cm 褐色病斑，边缘清晰，呈紫色或红褐色，略带环纹；后期病斑两面出现灰褐色霉状物，病斑中部干枯脱落，形成穿孔，病害严重时，引起落叶（图 3–27）。

图 3–27 碧桃细菌性穿孔病

防治方法：①加强栽培管理，增施有机肥，减施氮肥，注意通风透光。②结合冬季修剪，剪除病枝、枯枝、落叶，集中深埋。③发芽前喷洒 3 ~ 5 波美度石硫合剂，发病期喷洒 1∶1∶200 倍波尔多液或 65% 代森锌可湿性粉剂 600 ~ 800 倍液。每隔 7 ~ 10d 喷 1 次，连续 2 ~ 3 次。

（2）月季、樱花根瘤病。

月季根瘤病症状：多发生在接穗与砧木接合处附近，产生大小不等的肿瘤，发病初期出现近圆形的小瘤状物，随后变大、变硬，表面粗糙、龟裂，颜色由浅变为深褐色或黑褐色，瘤内部木质化。有时也发生在根、茎的上部，月季染病后生长不良、叶小株矮、缺少生机，花瘦弱或不开花（图 3–28）。

樱花根瘤病症状：发病前期，地上枝叶部分正常生长，随着根瘤越长越大，越长越多，地上枝条部分出现单个枝条叶子萎蔫，停止生长，叶子枯黄和单个枝条干枯死亡，严重时，植株干枯死亡。挖开土球，根系变成褐色，在侧根和主根上发现大小不一的黑褐色瘤子（图 3–29）。

图 3-28　月季根瘤病

图 3-29　樱花根瘤病

防治方法：①选用抗病品种，减少发病率。②栽培、嫁接时避免各种伤口，轻病株可用抗菌剂 402 兑水 300～400 倍液浇灌，重病株及时拔除。③利用 K84 制剂浸根处理，抑制根瘤组织形成。

四、病毒性病害

植物感染病毒后，出现花叶、黄化、坏死、畸形等症状，叶片不规则褪绿，植株矮化，果实畸形，植株顶端幼嫩部分变褐坏死，病斑不规则。

（1）郁金香花叶病。

症状：发病后叶上产生黄色条纹或微粒状斑点，花瓣上形成深色斑点，严重时叶子腐烂（图 3-30）。

图 3-30　郁金香花叶病

防治方法：①加强田间管理，保证肥水供应，促使植株生长健壮，清除病株，集中烧毁，减少侵染源。②引进的郁金香种球，喷洒 75% 百菌清可湿性粉剂 700 倍液 + 新高脂膜 800 倍液进行消毒处理。③注意防治蚜虫，避免蚜虫为害，造成病毒传播，用 10% 吡虫啉可湿性粉剂 2 000 倍液喷雾。同时补喷抗病毒植物生长调节剂锌加硒、锌宝、锌肥等营养元素。④分别在萌芽期 5d 左右、花露红期、谢花后 7～10d、夏至后至秋分前施用病毒Ⅱ号 300～450 倍液喷雾防治。

（2）香石竹斑驳病毒病。

症状：新叶褪色，形成斑驳，老叶卷曲，花呈杂色，病叶多呈卷状。幼叶的叶脉上生深浅不均匀的斑驳或坏死斑，有的出现不规则褪绿斑（图 3–31）。

图 3–31　香石竹斑驳病毒病

防治方法：①选用抗病品种，种植无毒种苗，切断传播途径，消灭侵染源。②对于经汁液传播的病毒，可用 3%磷酸三钠溶液洗手，然后再操作。③对蚜虫传播的病毒可进行防虫治病，参照郁金香花叶病。④发病初期，用 3.85%病毒必克可湿性粉剂 700 倍液或 7.5%克毒灵水剂 1 000 倍液喷雾防治。

第三节　园林植物常见害虫及防治

一、食叶类害虫

食叶类害虫主要取食植物叶片，呈孔洞或缺刻状，严重时可将叶片吃光，削弱树势，大多裸露生活，虫口密度较大，多数种类繁殖能力强，产卵集中，易暴发成灾，并能主动迁移扩散，扩大为害的范围。该类害虫口器多为咀嚼式，而半翅目蚜虫、蝽类口器为刺吸式，多为害植物叶片，在此一并作为食叶类害虫讨论。

1. 紫薇长斑蚜　半翅目斑蚜科。为害紫薇。

为害特点：主要刺吸为害紫薇叶片，严重时造成黄叶、枯叶、落叶，影响开花（图 3–32）。

图 3–32　紫薇长斑蚜

防治方法：①冬季修剪，清除病虫枝、瘦弱枝、过密枝，早春刮除老树皮及剪除受害枝条，集中烧毁，消灭越冬卵。②保护和利用异色瓢虫及草蛉幼虫等天敌，亦可利用色板诱杀有翅蚜虫或采用白锡纸反光，防止蚜虫迁飞。③选药时用复配药剂或轮换用药，防止产生抗性，用 10% 吡虫啉可湿性粉剂 1 000 倍液，或啶虫脒水分散粒剂 3 000 倍液 +5.7% 甲维盐乳油 2 000 倍液混合液喷雾防治，连用 2 ~ 3 次。

2. 桃粉蚜　半翅目蚜科。为害红叶李、桃、杏、榆叶梅、碧桃、樱桃等。

为害特点：无翅胎生雌蚜和若蚜群集于枝梢和嫩叶背而吸汁为害，被害叶向背对合纵卷，叶上常有白色蜡状的分泌物，常引起煤污病发生，严重时枝叶呈暗黑色，植株生长不良，影响观赏价值（图 3–33）。

图 3–33　桃粉蚜

防治方法：①冬季修剪，除去带虫卵的枝条，消灭越冬卵，可减少第 2 年的虫源。②保护和利用天敌，同紫薇长斑蚜。③药剂防治，同紫薇长斑蚜。

3. 梨冠网蝽 半翅目网蝽科，又名梨花网蝽、梨网蝽、花编虫、小臭大姐（图 3–34）。为害海棠类、扶桑、木瓜、栀子、紫藤、月季、梅花、樱花、含笑、桃、茶花、茉莉、杜鹃、蜡梅等园林植物。

为害特点：成虫和若虫在叶背主脉两侧中央部位刺吸汁液，后遍及全叶，被害叶片形成灰白色失绿斑点，叶背面有深褐色排泄物，可诱发煤污病，严重受害时叶片变褐色枯黄脱落，造成植株长势衰弱，影响生长发育及开花。

图 3–34 梨冠网蝽

防治方法：①秋季清除落叶、杂草，刮除枝干粗翘皮，也可在树干上绑扎草把，诱集成虫潜伏越冬并于早春集中烧毁。冬季树干涂白，以减少越冬成虫。②保护和利用天敌，如平腹小蜂、瓢虫、草蛉等。③重点抓住 4 月中旬至 5 月上旬，越冬成虫活动期，可选用 2.5% 三氟氯氰菊酯乳油 3 000 倍液喷雾防治。5 月中旬成虫尚未产卵时防治效果最佳，用 50% 杀螟松乳油 1 000 倍液或 20% 杀灭菊酯 3 000 ~ 4 000 倍液喷雾防治。

4. 方翅网蝽 半翅目网蝽科，又称悬铃木方翅网蝽。为害悬铃木、构树、杜鹃花科、山核桃树、白蜡等植物（图 3–35）。

图 3–35 方翅网蝽

为害特点：成虫和若虫以刺吸寄主树木叶片汁液为害为主，受害叶片形成均匀的褪色斑，且叶背面有黑色斑，严重时叶片变枯黄、青黑及坏死，造成树木提前落叶、树木生长中断、树势衰弱至死亡；同时携带危险病菌间接为害。

防治方法：①冬季彻底清扫园中枯枝落叶，铲除杂草，集中烧毁或深埋，破坏成虫越冬场所。②春季越冬成虫出蛰活动前，人工刮除粗皮，树干涂抹 3～5 波美度石硫合剂，消灭越冬成虫。③保护和利用天敌，如平腹小蜂、瓢虫、草蛉等。④越冬代成虫出蛰期和各代若虫发生初期是防治的关键时期，选用 5%吡虫啉乳油 2 000～2 500 倍液或 2.5% 溴氰菊酯乳油 1 500～2 000 倍液进行叶面喷雾，重点喷施叶片背面。注意交替用药，延缓抗性产生。

5. 黄刺蛾　鳞翅目刺蛾科，别名红背刺蛾。为害重阳木、樱花、石榴、紫荆、梅、海棠、月季、紫薇、桂花、大叶黄杨等园林植物（图 3–36）。

为害特点：低龄幼虫啃食叶片和叶肉，被害叶呈网状。大龄幼虫啃食全叶，仅留枝条叶柄，严重影响树势生长，甚至造成植株死亡。幼虫刺毛有毒，触到人体皮肤时会引起红肿和剧烈疼痛。

图 3–36　黄刺蛾幼虫

防治方法：①冬剪，彻底清除或刺破越冬虫茧；夏剪，人工捕杀幼虫。②在 6～8 月盛蛾期，利用灯光诱杀成虫。保护上海青峰、黑小蜂和朝鲜紫姬蜂等天敌。③在 3 龄幼虫以前，用含活芽孢子 100 亿 /mL 以上 Bt 乳剂 500～800 倍液，或 1% 阿维菌素乳油 200 倍液，或 5% 高效氯氰菊酯乳油 2 500 倍液，喷雾防治。

6. 黄杨绢野螟　鳞翅目螟蛾科，又名黄杨黑缘螟蛾。为害黄杨类、冬青、卫矛等园林植物（图 3–37）。

为害特点：以幼虫食害嫩芽和叶片，常吐丝缀合叶片，于其内取食，受害叶片枯焦，暴发时可将叶片吃光，造成黄杨成株枯死。

图 3–37 黄杨绢野螟幼虫

防治方法：①及时摘除的虫卵、虫巢、化蛹茧，集中烧毁。成虫产卵期，每隔 2 ~ 3d 检查和摘除卵块 1 次。②保护赤眼蜂、小茧蜂、黑卵蜂等天敌，利用黑光灯诱杀成虫。③低龄幼虫期可选用 Bt 乳剂（含活芽孢子 100 亿 /mL）500 ~ 800 倍液，或 40% 毒死蜱乳油 800 倍液喷雾防治。

7. 黄尾毒蛾 鳞翅目毒蛾科，又名黄尾白毒蛾，俗名毒毛虫、花毛虫、洋辣子。为害樱桃、梨、苹果、杏、茶、柳、枫杨、桑、枣及多种蔷薇科园林植物（图 3–38）。

为害特点：幼虫取食植株芽、叶，以越冬幼虫啃食春芽为甚，严重时可将全树花芽吃光，幼虫取食夏秋叶，食叶殆尽。

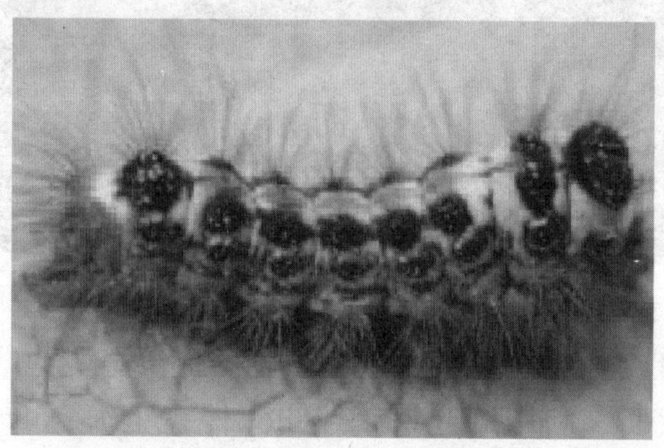

图 3–38 黄尾毒蛾幼虫

防治方法：①利用树干束草，诱集幼虫越冬，集中烧毁。人力摘除卵块，减少虫口密度。②黑光灯诱杀成虫。③低龄幼虫期防治，用 20% 氰戊菊酯 1 500 倍液 +5.7% 甲维盐 2 000 倍混合液，或 40% 啶虫毒死蜱乳油 1 500 ~ 2 000 倍液喷雾防治，注意交替用药，延缓抗性产生。

8. 斜纹夜蛾 鳞翅目夜蛾科，又名连纹夜蛾、连纹夜盗蛾。为害鸡冠花、菊花、唐菖蒲、睡莲、荷花、月季、香石竹、大丽花、蜀葵、木槿等园林植物（图 3–39）。

为害特点：以幼虫为害，食性杂，且食量大，初孵幼虫在叶背为害，取食叶肉，仅留下表皮。3 龄幼虫后造成叶片缺刻、残缺不堪甚至全部吃光，蚕食花蕾造成缺损，易暴发成灾。

图 3–39　斜纹夜蛾幼虫

防治方法：①加强养护管理，及时清除杂草，翻耕晒土或灌水，破坏其化蛹场所，人工摘除卵块和初孵幼虫，减少虫源。②盛发期，利用黑光灯诱杀成虫。③使用 200 亿 PIB/ 克斜纹夜蛾核型多角体病毒水分散粒剂 12 000 ~ 15 000 倍液或 8% 乐斯本乳油 800 倍液喷雾防治。

9. 国槐尺蠖　鳞翅目尺蛾科。为害国槐、龙爪槐等园林植物（图 3–40）。

为害特点：为暴食性害虫，一般每头幼虫食叶 10 片左右。以幼虫食叶成缺刻，严重时把叶片吃光，并吐丝下垂。

图 3–40　国槐尺蠖幼虫

防治方法：①人工采摘卵块，振落捕杀幼虫、挖蛹、清除成虫。②利用黑光灯诱杀成虫。③对 4 龄前幼虫，用 50% 杀螟松乳油 1 500 ~ 2 000 倍液或80%杀虫脒1 000倍液喷雾防治。针对下地幼虫，用2.5%敌百虫粉剂、3%乐果粉剂地面喷粉。

10. 铜绿丽金龟 鞘翅目丽金龟科，又名铜绿金龟子。为害蔷薇科、香樟、喜树、女贞、枫树、梓树等园林植物（图3–41）。

为害特点：幼虫为害植物根系，使寄主植物叶子萎黄甚至整株枯死，成虫群集为害植物叶片，致使叶片残缺不全，甚至仅留叶柄，严重影响植物的正常生长发育。

图3–41 铜绿丽金龟

防治方法：①加强栽培管理，利用幼虫在地表土层中活动时适期进行秋耕和春耕，捡拾幼虫。利用成虫假死性，早晚振落捕杀成虫。②利用成虫具有趋光性和趋化性，黑光灯 + 糖醋液诱杀成虫。③在成虫发生为害期，于树冠上喷施10% 吡虫啉可湿性粉剂1 500倍液或50% 杀螟松乳油1 500倍液防治。

11. 美国白蛾 鳞翅目白蛾属，入侵害虫。为害白蜡、臭椿、悬铃木、桑、苹果、海棠、金银木等园林植物（图3–42）。

为害特点：以幼虫取食植物叶片为害，其食性杂、取食量大，初孵幼虫有吐丝结网，群居为害的习性，为害严重时能将寄主植物叶片全部吃光，并啃食树皮，严重影响林木生长。成虫具有“趋光”“趋味”“喜食”3个特性，对腥、香、臭等气味最敏感。

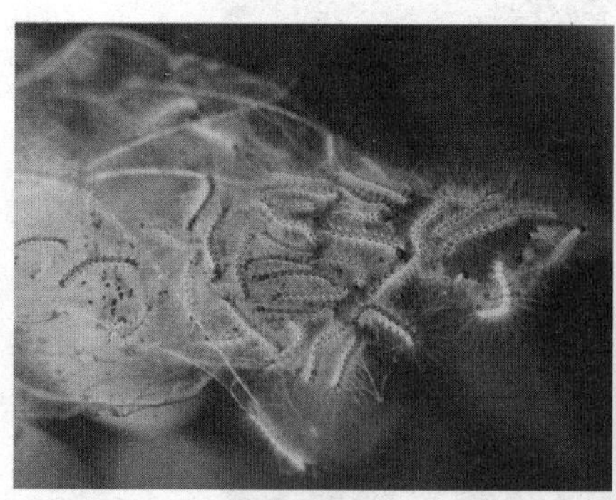

图3–42 美国白蛾

防治方法：①加强检疫，杜绝从疫区调运苗木。②卵期，人工摘除卵块。低龄幼虫期，喷施核型多角体病毒（NPV）、苏云金杆菌（Bt）等生物制剂及人工剪除网幕。老熟幼虫期，利用树干绑草的方法诱集化蛹幼虫，定期集中处理或释放天敌周氏啮小蜂。蛹期，采用人工挖蛹。成虫期利用黑光灯、性信息剂诱杀。③幼虫防治时用 45% 丙溴辛硫磷 1 000 倍液，或 20% 氰戊菊酯 1 500 倍液 +5.7% 甲维盐 2 000 倍混合液喷杀，可连用 1 ~ 2 次，间隔 7 ~ 10d。注意交替用药，延缓抗性产生。

二、蛀干类害虫

蛀干类害虫一般以幼虫在枝干内生活蛀食为害。树木受害轻时，养分、水分运输受到阻碍，严重的枝干被蛀食成千疮百孔，以致枯萎死亡或被风吹折。

1. 星天牛　鞘翅目天牛科，又名银星天牛、橘根天牛、花牯牛、钻木虫。为害白蜡、复叶槭、大叶黄杨、栾树、蔷薇、海棠、冬青、罗汉松、悬铃木等园林植物（图 3–43）。

为害特点：幼虫一般蛀食较大植株的基干，在木质部乃至根部为害，树干下有成堆虫粪，造成植株生长衰退甚至死亡。成虫咬食嫩枝皮层，形成枯梢，也食叶成缺刻状。

防治方法：①人工摘除卵块和初孵幼虫，在 5 ~ 6 月成虫活动盛期，捕杀成虫。②在树干基部地面上发现有成堆虫粪时，将蛀道内虫粪掏出，用布条或废纸等蘸 40% 乐果乳油 5 ~ 10 倍液，将蛀洞塞紧，用兽医用注射器将药液注入，或用 56% 磷化铝片剂每一蛀洞内塞入一小粒，再用泥土封住洞口。

图 3–43　星天牛

2. 桃蛀螟　鳞翅目螟蛾科，俗称桃蛀心虫、桃蛀野螟。为害桃、板栗、樱桃、李、柿、枇杷、石榴、松、杉等园林植物（图 3–44）。

为害特点：为害桃、板栗时先吃叶片，而后蛀入果内取食，蛀孔处常见黄褐色透明胶质物流出，并伴有褐色虫粪。取食松叶时常将松梢针叶缀合，严重时能将整梢松叶吃尽。

防治方法：①越冬幼虫化蛹前（4 月中旬），刮除苹果、梨、桃等果树翘皮、摘除虫果，集中烧毁，清除越冬幼虫。②保护利用天敌姬蜂、广大腿小蜂。利用黑光灯 + 糖醋液诱杀成虫。③喷洒苏云金杆菌 75 ~ 150 倍液或青虫菌液 100～200 倍液。幼虫孵化期，用 20% 氰戊菊酯 1 500 倍液 +5.7% 甲维盐 2 000 倍混合液，或 40% 啶虫毒死蜱乳油 1 500～2 000 倍液喷杀幼虫，连用 1～2 次，间隔 7～10d。注意交替用药，延缓抗性产生。

图 3–44　桃蛀螟幼虫

3. 木蠹蛾　鳞翅目木蠹蛾科。为害白蜡、丁香、玉兰、悬铃木、元宝枫、冬青卫矛、柽柳、海棠等园林植物（图 3–45）。

为害特点：幼虫钻蛀为主，幼虫为灰白色或深红色，几乎无毛，从伤口处侵入为害，初期侵食皮下韧皮部，逐渐侵食边材，将皮下部成片取食，分散向心部钻蛀，在树干内部蛀成无数相互连通的孔道。

图 3–45　木蠹蛾幼虫

防治方法：①加强栽培管理，适地适树适时进行水肥管理，培育健壮植株。②利用黑光灯诱杀成虫。③对卵和未蛀入枝干初孵幼虫，用 50% 杀螟松乳油或 40% 氧化乐果乳剂 1 000～1 500 倍液喷洒枝干，每 2 周喷 1 次，连续 2 次，毒杀卵和初孵幼虫。④对初蛀入枝干内的幼虫，用 40% 氧化乐果乳剂或 50% 杀螟松乳油 300 倍液涂虫孔，或向虫孔上喷 40% 氧化乐果乳剂 400 倍液，或 50% 杀螟松乳油 200 倍液；也可将上述药液注入虫孔内，外敷黄黏泥，或用铁针向虫孔内刺杀幼虫和蛹。

4. 吉丁虫　鞘翅目吉丁科，俗称爆皮虫、锈皮虫。为害桃、梨、杏、李、樱桃、梅花、海棠、苹果、五角枫等园林植物（图 3–46）。

为害特点：成虫咬食叶片造成缺刻，幼虫蛀食枝干皮层，被害处有流胶，为害严重时树皮爆裂，甚至造成整株枯死。

图 3–46　吉丁虫

防治方法：①冬、春季节，将伤口处的老皮刮去，用刀将皮层下的幼虫挖除。②成虫期，人工振树捕捉成虫，羽化前期，及时修剪虫枝和枯枝，集中烧毁，消灭越冬幼虫。③保护天敌和益鸟。④ 3 月下旬幼虫为害期，可用 40% 啶虫毒死蜱乳油 200 倍液 +10% 吡虫啉混合液，连涂 2 ~ 3 次后用塑料薄膜封包。⑤成虫羽化盛期，用 5% 吡虫啉乳油 1 500 倍液，或 25% 喹硫磷乳油 750 ~ 800 倍液。

三、介壳虫类害虫

介壳虫类害虫主要以成虫和若虫群集固着在枝条上吸食汁液，被害枝条凹凸不平、发育不良、树势衰弱，重者整枝或整株死亡。介壳虫类的分泌物还能诱发煤污病，降低园林植物观赏价值，为害极大。

1. 桑白蚧　半翅目盾蚧科，又名桑盾蚧、桃介壳虫。为害桃、李、梅、枇杷、无花果、杨、柳、丁香、苦楝等园林植物（图 3–47）。

为害特点：以雌成虫和若虫群集固着在枝干上吸食养分，严重时灰白色的介壳密集重叠，导致枝条表面凹凸不平，树势衰弱，枯枝增多，甚至全株死亡。

图 3–47 桑白蚧

防治方法：①人工用硬毛刷或细钢丝刷刷除寄主枝干上的虫体。剪除被害严重的枝条。②保护和利用红点唇瓢虫、方头甲、草蛉等天敌。③若虫孵化盛期用药，此时蜡质层未形成或刚形成，对药物比较敏感，喷施 40% 啶虫毒死蜱乳油 2 000 ~ 3 000 倍液防治。

2. 日本龟蜡蚧 半翅目蜡蚧科，又名白蜡蚧。为害枸骨、大叶黄杨、悬铃木、雪松、柳、重阳木、含笑、蜡梅、女贞、夹竹桃、蔷薇、海棠、牡丹、芍药等园林植物（图 3–48）。

为害特点：杂食性害虫，适应性强。在枝梢叶背中脉吮吸汁液为害，严重时枝叶干枯，并能诱发煤污病。

图 3–48 日本龟蜡蚧成虫

防治方法：①合理修剪，剪除被害枝叶并烧毁。②保护和利用天敌，同桑白蚧。③在若虫初孵阶段，用 40% 杀扑磷乳油 1 500～2 000 倍液，或 25% 扑虱灵可湿性粉剂 1 000～1 500 倍液，喷雾防治。每隔 7d 喷 1 次，连喷 2 次。

3. 吹绵蚧　半翅目硕蚧科。为害黄杨、蔷薇、海桐、牡丹、冬青、石榴、无花果、木瓜、梅花、含笑、山茶、玉兰等园林植物（图 3–49）。

为害特点：若虫和成虫常群集在叶芽、嫩芽、新梢上为害，发生严重时，叶色发黄，造成落叶和枝梢枯萎，以致整枝、整株死去，排泄物易引起煤污病，严重降低植物观赏价值。此外，该虫有雌雄同体现象，庇荫处发生严重。

图 3–49　吹绵蚧成虫

防治方法：①杜绝引入带虫苗木。②人工用手或用镊子捏去雌虫和卵囊，或剪去虫枝、叶。③保护或引放大红瓢虫、澳洲瓢虫、红缘瓢虫、小红瓢虫等天敌。④在初孵若虫散转移期，可喷施 50% 杀螟松乳油 1 000 倍液，或用普通洗衣粉 400～600 倍液，每隔 2 周喷 1 次，连喷 3～4 次。

四、木虱类害虫

木虱类害虫常以成虫和若虫群集于嫩梢或枝叶，吸汁为害，尤以嫩梢和叶背居多。若虫分泌白色棉絮状蜡质物，影响树木光合作用和呼吸作用，并诱发霉菌寄生。严重时，叶片提早脱落，枝梢干枯。

1. 朴盾木虱　半翅目木虱科。为害朴树（图 3–50）。

为害特点：吸食植物叶片，叶面形成长角状虫瘿，严重时叶面畸形，虫为害处焦枯，导致早期落叶，生长衰弱，影响植物观赏价值。

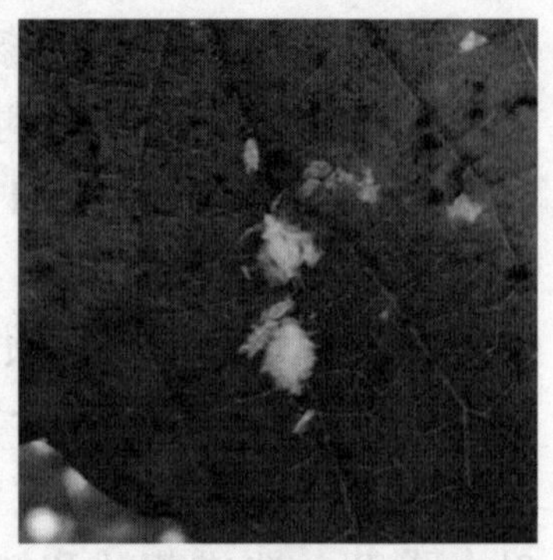
图 3–50　朴盾木虱成虫

防治方法：①若虫期利用天敌蚜小蜂寄生。②4 月中旬初展叶期，木虱为害尚未形成虫瘿角前，用 40% 氧化乐果乳剂 1 500 倍液喷雾防治若虫。

2. 青桐木虱　半翅目木虱科。主要为害青桐（图 3–51）。

为害特点：若虫和成虫多群集青桐叶背和幼枝嫩干上吸食为害，破坏输导组织，若虫分泌白色絮状蜡质物，堵塞气孔，影响光合作用和呼吸作用，致使叶面呈苍白萎缩症状，霉菌寄生，严重影响树木的生长发育。

图 3–51　青桐木虱成虫

防治方法：①保护和利用寄生蜂、瓢虫、草蛉等天敌。②大发生时可采取 10% 蚜虱净粉 2 000 ~ 2 500 倍液，或 2.5% 吡虫啉 1 000 倍液，或 1.8% 阿维菌素 2 500 ~ 3 000 倍液喷雾防治。

3. 白粉虱　半翅目粉虱科。为害石楠、海桐、牡丹、万寿菊、彩叶草、茉莉、扶桑、一串红、月季等园林植物（图 3–52）。

图 3–52　白粉虱

为害特点：成虫和若虫群集植物的叶背面刺吸植物汁液，被害叶片褪绿、变黄、萎蔫，甚至全株枯死。群聚为害，分泌大量蜜液，严重污染叶片和果实，易引起煤污病大发生。

防治方法：①保护和利用天

敌蚜小蜂。②成虫对黄色有较强的趋性，设置黄色的粘虫板来诱杀成虫。③白粉虱发生初期，用25%扑虱灵可湿性粉剂1 500～2 000倍液，或2.5%功夫乳油2 000～3 000倍液，或40%氧化乐果乳油1 000倍液喷雾防治，对成虫、若虫、卵均有效。

五、螨类害虫

螨类害虫以成螨、幼螨、若螨群集叶片、嫩梢、果皮上吸汁为害，导致落叶、落果，尤以叶片受害为重，造成失绿，终致脱落，严重影响树势和产量。

朱砂叶螨 蜱螨目叶螨科，别名棉红蜘蛛、红叶螨。为害桂花、月季、玉兰、丁香、木槿、樱花、梅花、海棠等园林植物（图3–53）。

为害特点：成螨和幼螨在寄主叶背吸汁液，被害叶片初现针头状黄白色小斑点，后逐渐扩展到全叶，造成叶片卷曲，枯黄脱落。盛发期在茎、叶上形成一层薄丝网，使植株生长不良，严重时导致整株死亡。

图3–53 朱砂叶螨成虫

防治方法：①改善栽培环境，保持通风、凉爽，适时浇水，以减缓繁殖速度；冬季深翻土地，清除枯枝、落叶和杂草，减少虫源。②保护和利用瓢虫、小花蝽、中华草蛉、六点蓟马等天敌。③用1.8%阿维菌素乳油3 000倍液，或10%苯丁哒螨灵乳油1 000倍液+5.7%甲维盐乳油3 000倍液混合喷雾防治，每隔7～10d喷1次，连用2次。

六、地下类害虫

地下类害虫主要为害植物根部、近土表主茎及其他部位，取食园林植物的种子、根茎、幼苗、嫩叶及生长点等，常造成缺苗、断垄或植株生长不良，对园林植物为害较大的有地老虎、蝼蛄、蛴螬、金针虫等。

1. 地老虎 鳞翅目夜蛾科，别名黑地蚕、切根虫、土蚕。为害松、杉、万寿菊、金盏菊、鸡冠花、香石竹等园林植物（图 3–54）。

为害特点：以幼虫咬食地面处根茎为害，导致缺株，严重影响植株的生长发育。

图 3–54 地老虎幼虫

防治方法：①及时清园，适时中耕除草，破坏产卵场所，秋末冬初进行深翻土壤，减少虫源。人工捕杀，清晨在缺苗、缺株的根际附近挖土捕杀幼虫。②利用成虫具有趋光性和趋化性，使用黑光灯 + 糖醋液诱杀成虫。③保护鸦雀、蟾蜍、步行虫、寄生蝇、寄生蜂等天敌。④ 3 龄前幼虫，用 2.5% 溴氰菊酯乳油 2 000 倍液或 20% 氰戊菊酯乳油 2 000 ~ 3 000 倍液喷雾防治。3 龄后大龄幼虫，用 48% 毒死蜱或 90% 敌百虫按 100mL、水 500mL、5kg 诱饵的比例进行诱杀。

2. 蝼蛄 直翅目蝼蛄科，别名土狗子、地狗子。为害草坪、海棠、杨、柳、悬铃木以及一二年生草本花卉等（图 3–55）。

为害特点：以成虫在土层下为害，啃食根、茎，造成大量缺苗，并拱成隧道，造成根土脱离，苗木失水而死。4 ~ 5 月为害最重。

图 3–55 蝼蛄

防治方法：①加强栽培管理，合理施用充

分腐熟的有机肥，以减少该虫滋生。②利用灯光诱杀成虫。③用 40% 毒死蜱 1 000 倍液浇灌防治。

3. 蛴螬　鞘翅目金龟总科，别名白土蚕、地蚕、粪虫等。为害草坪及多种园林花卉（图 3–56）。

图 3–56　蛴螬

为害特点：幼虫在地下咬断或咬伤园林花卉幼苗、嫩茎，致使花木幼苗、幼树枯黄或死亡。

防治方法：①精耕细作，清除杂草，合理施用充分腐熟的有机肥，以减少该虫滋生。利用蛴螬怕水淹的特性及时灌溉消灭幼虫。②利用黑光灯诱杀成虫。③保护和利用食虫虻、金龟子、黑土蜂等天敌。④选择 70% 啶虫脒 1 000 倍液、22% 噻虫嗪高氯氟 1 500 倍液喷雾防治，连续 2 ~ 3 次。

4. 金针虫　鞘翅目叩头甲科，又名铁丝虫、铁条虫，常见的有沟金针虫、细胸金针虫和褐纹金针虫三种，幼虫统称金针虫（图 3–57）。为害苗圃、草坪等。

为害特点：咬食刚出土的幼苗，也可进入已长大的幼苗根里取食为害，被害处不完全咬断，断口不整齐。还能钻蛀较大的种子及块茎、块根，蛀成孔洞，被害株则干枯而死亡。

防治方法：①加强养护管理，合理施用充分腐熟的有机肥，精耕细作，通过机械损伤或夏季翻耕将虫翻出地面暴晒。②利用黑光灯诱杀成虫。③用 40% 毒死蜱 100 倍液进行拌种。④苗期用 40% 毒死蜱 1 500 倍液或 40% 辛硫磷 500 倍液与适量炒熟的麦麸或豆饼混合制成毒饵，利用昼伏夜出习性，傍晚顺垄撒入植株基部，即可将其杀死。

图 3–57　金针虫

第四节　园林植物病虫害防治操作流程

景区因所处的特殊环境决定了景区在实施病虫害防治时，要充分考虑到人、生态环境、资金成本等综合因素。因此，在对景区园林植物实施病虫害综合防治时，要以保护人和生态环境为中心，突出社会生态效益，从施药器械选择、防护用具准备、药品存放、药品出库、药剂配制、施药流程、施药操作注意事项等方面统筹考虑，严格遵循操作流程，确保施药过程安全。

（一）施药器械

根据受害植物高度、植物类别及受害面积等因素，配备相应打药车、喷雾器及适当长度的水管。

（二）防护用具

施药人员在施药前应配备好胶皮手套、防护服、防毒面具或口罩等防护用具。

（三）药品存放

（1）仓库门窗要牢固，库房内要求阴凉、干燥、通风，并有防火防潮的措施，防止受潮、高温直射，禁止露天储存。

（2）农药必须单独储存，不能与石灰、化肥、汽油、柴油等混放在一起。

（3）在农药堆放时，分品种进行堆放，严防破损渗漏，农药堆放不宜过高，防止倒塌或下层药物受压结块。

（4）各种农药在存储到仓库时，要统一记账入册，并根据农药先进先出的原则，防止农药存放过久而失效。

（5）掌握不同剂型农药的存储特点，采取相应措施进行妥善保管。如液体农药，其特点是易燃烧易挥发，在存储时要重点隔热防晒，避免高温。而固体农药如粉剂、颗粒剂和片剂等，其特点是容易吸潮，易发生变质，储存时保管重点是防潮湿。微生物农药如苏云金杆菌、芽孢菌等，其特点是不耐高温，不耐储存，容易失去活性，所以应在低温干燥的环境中保存。

（6）在农药仓库中要严格管理火种和电源，防止引起火灾。

（7）农药的仓库管理要专人专管，禁止他人私自取用农药，要严格管理进出。

（四）药品出库

根据病害发生的面积，计算出药品施用量，安排专人到仓库领取药品并做好登记。

（五）药剂配制

严格按照药剂配比剂量勾兑，拌匀，防止药害，不得擅自做主增减剂量。

（六）施药流程

取出喷药器械，施药人仔细检查药械能否正常运转，随后领取防护用品及药品，按照施药说明进行配药（空药袋装入垃圾袋），实施均匀喷药，喷药完毕后及时清洗器械，将剩余药品安排专人入库，及时对施药过程中有可能接触到药品的皮肤进行清洗，避免产生伤害。

（七）施药操作注意事项

（1）配药操作前，穿戴好防护用具，操作过程中，应避免直接接触原药。

（2）选择合适施药时间，苗木处于开花期、孕蕾期、展叶期（观赏花卉、果树）停止施药，风力超过 3 级或阴雨天气停止施药，夏季温度超过 32℃时停止施药。此外，还应充分考虑到景区施药特殊性，尽量避免在游客聚集区域施药，避免在旅游高峰时段施药。

（3）具体喷药时，操作人员应选择上风口进行，防止药剂漂移。同时兼顾叶面叶背施药均匀，避免遗漏。

（4）施药完毕后，空瓶、药袋不可乱扔，集中装袋，统一处理。

（5）剩余药品应有专人及时回收入库，做好登记，避免他人接触。

第五节　建立景区园林植物病虫害管理档案

一、建立景区园林植物病虫害管理档案的目的及意义

由于景区园林植物病虫害种类多样，结构复杂，容易在特定的时节发生，为了使病虫害防治工作更加规范合理，确保景区植物健康成长和生态景观保持较高水平，建立病虫害管理档案非常重要。因此，在景区园林植物日常养护过程中，建立一套完善的病虫害管理档案，定期整理、分析、概括、预测病虫害的数量，种群登记为害程度，科学归档，从中不断总结经验，不断摸

索病虫害发生和为害的规律，积极探讨预测预报和有关药剂防治的技术措施，为科学防治提供信息参考和技术支撑。

二、园林植物病虫害档案内容及规范要求

园林植物病虫害档案不仅仅记录病虫害发生、为害种类、综合防治等信息，还包括发生病虫害所处的土壤（地形）、气候等环境条件及其他相关的观测文字记载、图片等内容。同时，为保证病虫害档案记录规范，应安排专人负责记录，重点对病虫害发现时间、为害部位及特点、防治时间、防治措施和防治效果等内容进行详细记录，并配备防治前后的清晰对照图片，确保病虫害档案内容完整，随后按时归档。

三、园林植物病虫害档案样表

景区园林植物病虫害档案样表见表 3–2。

表 3–2　景区园林植物病虫害档案样表

<table>
<tr><td>病虫害名称</td><td colspan="3"></td></tr>
<tr><td>发现地点</td><td></td><td>发现时间</td><td></td></tr>
<tr><td>地形、地貌及天气状况</td><td></td><td>为害部位及特点</td><td></td></tr>
<tr><td>防治措施</td><td></td><td>防治时间</td><td></td></tr>
<tr><td>防治效果</td><td></td><td>归档时间</td><td></td></tr>
<tr><td rowspan="2">病虫害照片</td><td colspan="2"></td><td></td></tr>
<tr><td colspan="2">（防治前）</td><td>（防治后）</td></tr>
<tr><td>备注</td><td colspan="3">记录人、归档人签名：</td></tr>
</table>

第四章　景区园林植物调整栽植与养护

植物是园林景观不可或缺的一项要素，可以美化自然环境，使整个园林景观充满生机与活力，从而实现更高的观赏价值。在园林景观营造过程中，要想全面提高园林景观的表现效果，需要对不同植物进行科学合理的配置，充分考虑到色彩的搭配、植物姿态、植物质感表现情况、植物体积大小及芳香情况等影响因素。栽植时，要做好充分的准备工作，熟练掌握起挖、运输、种植及后期管理等技术要点，促进植物健康生长。

第一节　园林植物的优化调整

一、植物优化调整的常见情况

随着时间的推移，由于植物自身及环境等多方面因素的影响，景区内部分植物配置关系会发生改变，无法满足当前功能需求，需要及时进行优化调整，改善植物生长环境，提高园林整体观赏性。常见情况如下：

（1）植物栽植密度过大，应使其疏密得当。

（2）需更换枯萎、死亡及影响景观的植物，保持优美的观赏效果。

（3）植物生长环境不适宜，无法满足其健康生长，应及时进行科学合理调整。

（4）对栽植不合理尤其有严重安全隐患的植物应及时进行调整，以免造成严重后果。

（5）对于功能发生变化的空间环境，植物配置也应做出相应优化调整，以满足新需求。

二、优化调整的基本原则

植物的优化调整不是简单的增加与去除，而是需要遵循一定的原则进行科学的配置，创造出优美的景观效果。具体原则如下：

（一）功能性原则

植物优化调整首先应从功能出发。一般情况下植物的调整，就是在调整一定的功能，例如行道树的遮阴功能等。若满足不了功能要求，不论形式有多新颖，调整都是失败的。

（二）艺术性原则

园林植物优化调整应讲究艺术性，科学运用多样与统一、对比与调和、韵律与节奏、均衡与稳定等美学手法，充分体现植物的形体美及季相美。

（三）生态化原则

在进行植物优化调整时，应当注重植物的生长环境。植物本身有不同的生态习性，在其生长发育过程中对阳光、水、空气、土壤等要求不同。因此，只有满足各个方面的生态需求，才能使植物茁壮成长。

第二节　园林植物的栽植与养护

一、植物栽植的原则

植物栽植时应充分考虑植物的生态特性，选择合理的植物种类、恰当的种植时间、合适的种植方法，才能保证栽植质量。具体原则如下：

（一）适地适树原则

依据栽植地的环境条件种植适宜生长的植物种类。在栽植过程中可通过选树适地、选地适树、改地适树、改树适地等途径实现。

（二）适时适栽原则

根据不同植物的生长特性和所要栽植地域的气候条件确定植物适宜的栽植时间。一般落叶树种多在树体休眠期进行，如秋季落叶后或春季枝芽尚未萌发前；常绿树种宜选择春季新梢萌发前。

（三）适法适栽原则

根据不同树种的生态习性、树体的生长发育状态、栽植时期和栽植地点等差异来确定采用裸根栽植或带土球栽植。栽植中施用生根剂、树干注射液、抗蒸腾剂等生长促进剂，提高移栽成活率。

二、乔灌木的栽植与养护技术

（一）栽植的时间

一般在休眠期至春季萌芽前栽植最佳。

（二）挖穴

种植穴应根据栽植树木的品种规格、苗木根系、土球直径及土壤条件等确定规格大小，一般直径与深度比根幅均大 40 ~ 60cm，保证所栽植苗木根系充分舒展，避免根系劈裂、卷曲或上翘影响树木生长（表 4–1）。

种植穴一般挖成圆柱形，以规定的穴径画圆，沿圆边向下挖掘，把表土与底土按统一规定分别放置，并不断修直穴壁达规定深度，使穴保持上口沿与底边垂直，大小一致。

表 4–1 乔灌木栽植穴的规格

乔木胸径（cm）		3~5	5~7	7~10	
落叶灌木高度（m）		1.2~1.5	1.5~1.8	1.8~2.0	2.0~2.5
常绿树高度（m）	1.0~1.5	1.5~2.0	2.0~2.5	2.5~3.0	3.0~3.5
穴径（cm）×穴深（cm）	（50 ~ 60）×40	（60 ~ 70）×50	（70 ~ 80）×60	（80 ~ 100）×70	（100 ~ 120）×80

（三）起苗

起苗的方法分裸根和带土球两种。起苗时，应深挖保护根系，并尽量避开雨天。景区内选苗木时，应遵循随挖、随运、随种的原则。

1. 裸根起苗 一般落叶乔灌木移栽易成活，在休眠期均可采用裸根起苗。起苗时，先根据树木根系的大小和深浅确定预留根系的规格大小，一般乔木为树干胸径的 6 ~ 8 倍，灌木为植物地径的 6 ~ 8 倍，后断根处理，起出苗木。若遇难以切断的粗根，应将四周土掏空后，用手锯锯断，切忌硬切粗根，造成根系劈裂。

2. 带土球起苗 一般针叶树和多数常绿乔灌木及部分落叶乔灌木，应采用带土球起苗，提高成活率。

灌木起苗前先拢冠，用草绳将树冠束起，将枝叶捆好，对少数珍稀大苗，还应把根茎以上的主干用草绳或稻草包扎，以免树干受到损伤。

（1）起苗。乔木起苗一般土球直径为树干胸径的6～8倍，土球纵径通常为横径的2/3。起苗步骤：①按规定土球圈径，将地表土取出。②沿圈壁外围垂直下挖，挖到规定深度时，朝内斜挖。③借助剪刀或手锯斩断主根，将土球底部削成圆弧状，形成扁圆形即可取出土球。

（2）土球包扎。土球直径小于30cm时，可采用简易包扎法，即将包扎材料（编织布、塑料薄膜等）摊平，将土球放在包扎材料上并由底部向上翻包，然后在树干基部扎牢。

若土球较大，应在土球修整好后开始打花箍进行包扎，即先将草绳一头拴在树干基部，后将绳子绕过土球底部，按顺序拉紧捆牢，绳子的间隔在8～10cm。包扎后，截断主根，将树推倒，再用蒲包将底部包严，用草绳捆好。打花箍的方式主要有五星式、橘子式和井字式三种。一般常用橘子式（图4–1）。

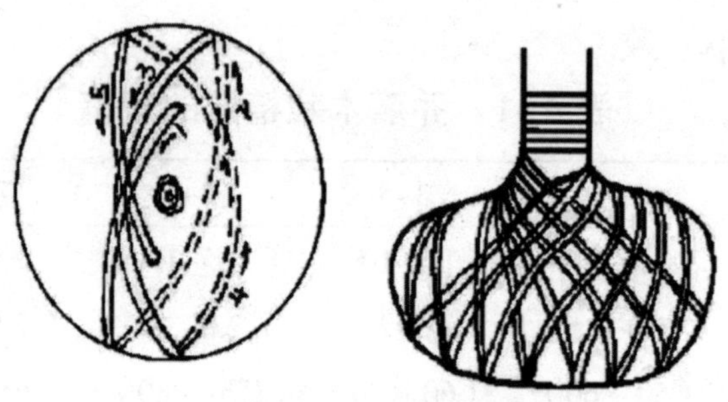

图4–1　橘子式打花箍示意图

（四）苗木运输

苗木在整个运输过程中，应尽量减少根系、树冠、枝叶的损伤。

带土球苗，土球小的可直立码放；土球大的必须斜放，土球向前，树干朝后，并垫牢固、挤严、放稳。

（五）修剪

为提高成活率，定植前必须进行修剪。修剪要保证刀口平整，当锯除较大枝干时，伤口要涂保护剂，防腐、防干，促进伤口愈合。

1. 树冠的修剪　对于一般常绿针叶树和萌芽力弱的乔木，在修剪时原则上保留原有枝干树冠，只将交叉枝、病虫枝及过密枝剪去。珍贵树种的树冠一般保留不剪。对于较大的落叶乔木，尤其是生长势较强、易萌芽抽枝的树种，如杨、柳等可进行强剪。对具有明显主干、萌芽力较强的高大落叶乔木，如银杏应保持原有树形，适当疏枝。对无明显主干、枝条茂密的落叶乔木，干径 10cm 以上的可疏枝保持原树形；干径 5 ~ 10cm 的可选留主干上的几个侧枝，保持原有树形进行短截。

灌木的修剪要保持其自然树形，剪去病弱枝、徒长枝、重叠枝或过密枝，并适当摘叶，过长的枝条可剪去 1/3 ~ 1/2。修剪时要注意分枝点高度，短截时应保持外低内高的冠形。

对萌枝强的月季、蔷薇、锦带花等花灌木可短截修剪；对根蘖发达的黄刺玫、玫瑰、珍珠梅、连翘等花灌木，应以疏枝为主，短截为辅。

2. 根系修整　定植之前，还应对根系进行适当修剪，主要修剪断根、劈裂根、病虫根等。

（六）栽植

1. 裸根苗的栽植　栽植前在穴内垫 10 ~ 20cm 表土，将树木移入穴内，平稳放下，根系理顺，回填表土至一半时轻轻提苗，使苗根部自然向下舒展，防止窝根，踩实，填满后再踩实，沿树穴周边堆高 10cm 左右的土围堰。

2. 带土球苗的栽植　苗木栽植时，应注意观赏面的合理朝向。

栽植前在穴内四周垫 10 ~ 20cm 表土，放入土球并保持树体直立，剪开包装材料并将其取出，表土回填至一半时，用粗木棍将土球四周夯实，严禁砸坏土球，填满后再夯实，最后沿树穴周边堆高 10cm 左右的土围堰。

（七）栽植后的养护

1. 浇水　定植后浇水是植物移栽成活的关键，第一次浇水要及时，浇足浇透，以利于根系与土壤密接。一般情况下 3d 后浇第二次透水，10d 内浇第三次透水。

2. 树体裹干　常绿乔木和干径较大的落叶乔木，定植后需进行裹干，用具有一定保湿性和保温性的材料，严密包裹主干和比较粗壮的一二级分枝。裹干处理，一是可以避免强光直射和干风吹袭，减少枝干水分蒸发；二是可保存水分，使枝干保持湿润；三是可调节枝干温度，减少夏季高温和冬季低温对枝干的伤害。

3. 立支撑　对于一些常绿树及树冠较大的落叶树种，栽植后应立支撑，以防浇水后被风吹刮造成树干摇摆松动，在树干基部周围形成空洞，使根系不能很好生长，甚至倒伏。支撑材料可选用通直的木棍、竹竿、金属管等，既要实用，又要注意美观。支撑点的高度取决于树体的高度，一般在树体高度的 1/3 ~ 1/2 为宜，支撑基部应埋入紧实土层中 30 ~ 40cm。上支点与树体要结合紧密，绑扎牢固，接触部分用草垫或其他保护材料隔开以防磨伤树皮（图 4–2）。主要立支撑的方法包括以下 5 种：

a. 单支柱法　b. 双支柱法

c. 三支柱法　d. 四支柱法

e. 拉钢丝固定法

图 4–2　五类立支撑示意图

（1）单支柱法：与栽植树干平行立支柱的方法，临时性支撑，防止树木浇水倒伏。生产上不常见，一般用于小乔灌木及冠幅小的树种。

（2）双支柱法：又称门字形支柱，适用于小乔木，一般定植后一年即可去除。

（3）三支柱法：利用3根支撑材料构成三角形，上角与树干加衬垫物固定在一起支撑树干。一般用于雪松、广玉兰等树体或树冠比较高大的乔木。

（4）四支柱法：利用4根支撑材料在树干四周均匀分布，上角与树干加衬垫物固定在一起支撑树干。该方法比以上三种方法牢固性强。

（5）拉钢丝固定法：根据树冠大小和枝叶的分布情况，一般采用1～3根钢丝，拉一根钢丝时选择枝叶数量少的一侧，拉两根钢丝时在树干两侧各拉一根，拉3根钢丝时保持120° 的夹角，树干与钢丝之间需用衬垫物垫好防止树干损伤。该方法通常适用于立支撑不能有效解决稳定性的高大树冠植物，特别是带土球的常绿树，移栽时根系范围较小，树体重心高。安全起见，需对钢丝套管。

4. 搭遮阴棚 在高温干燥季节，对于大规格乔木需搭遮阴棚，遮阴棚与树冠应保持不少于50cm的距离，以保证棚内空气流动，防止灼伤树冠。待树木成活后，视生长情况和季节变化，可逐步去掉遮阴物。

采用遮阴度70%的遮阴网，有利于树体接受一定散射光，以保证光合作用的进行。

5. 养护 乔灌木在栽植后第一年的养护期是树木成活的关键时期，应注意以下方面。

（1）水分管理：根据土壤、天气及树种不同等情况进行浇水，每次浇水的原则为浇足浇透，高温干旱时更需要特别注意。多雨季节要防止地面积水，应及时排水防沤根。对于修剪轻的名贵大树，在高温季节，可以通过树冠喷水增加树体周围空气湿度，达到降温的效果。

（2）促生根：是提高栽植成活率的重要措施之一。促进植物生根有多方面因素影响，如树木自身的生根能力、温度、水分、土壤盐碱化等。使用生根剂是目前最快、最有效的促生根方法，常见的有生根液和生根粉两种。

（3）扶正培土：养护过程中，如果出现树盘整体下沉或局部下陷等导致树体不牢固的情况，应及时覆土填平踩实；对于倾斜的树木应立即扶正，不能强拉损伤根系。

（4）除萌与修剪：生长过程中，树枝或者树干上萌发嫩枝芽，应根据树体情况将不适宜的枝芽尽早抹除，以免消耗树体营养；对于因移栽受伤、剪口芽弱、留芽不准等原因造成芽不萌发引起枝干枯死的，应当及时剪除。

（5）施肥与除草：树木在移栽后吸收能力减弱，一般在第一个生长季不施肥，在第二个生长旺盛季，结合树木生长情况，选择灌根或叶面喷施稀薄的速效性肥料。树体基部周边长出杂草时，应结合中耕及时铲除。

（6）树体保护及防寒措施：新栽树木，在第一个越冬季应做好防寒保护措施，如基部培土、裹保温棉、喷防冻液等措施，增加树体的抗冻性。

（7）树木成活调查及补植：在树木栽植成活期，定期观察树体的生长情况和状态，分析成活或死亡原因，需补植时及时补植，总结经验教训，提高养护管理水平。

三、地被植物的栽植与养护技术

地被植物是指多年生草本和低矮丛生、枝叶密集或半蔓性的灌木，以及藤本等观叶、观花植物，如麦冬、吉祥草、八角金盘、花叶蔓长春等。地被植物因种类繁多、适应性强、管理相对粗放等特点，在景观营造中被广泛应用。

（一）栽植的时间

全年可栽种，最好在春、秋季节，成活率更高。

（二）栽植前准备

1. 整地 首先，应将乱石杂草等不利于植物生长的杂物清理干净。然后，种植地均匀撒施腐熟的鸡粪、饼肥等有机肥，每亩 2 000 ~ 3 000kg，同时撒施杀虫药，进行一次 20 ~ 30cm 的深耕。平整地形，确保种植面平整，无凸起或低洼。

2. 修剪 栽植前需剪去残弱枝叶及伤根，但对于部分多年生根蘖植物，如麦冬，种植前需经过分株和两次修剪，一是修剪老根茎、须根和块根，二是剪短叶片以减少水分蒸发，利于成活（图 4–3）。

图 4-3　麦冬分株、修剪

（三）栽植

1. 裸根栽植　裸根栽植通常用于小苗及易成活的大苗。裸根栽植时，应将苗株根系舒展于穴中，覆土使根系与土壤紧密接触，埋土深度与原根埋深相同或略深。覆土时，向下均匀用力，切勿用力挤压茎的基部，以免压伤或压折嫩茎。

2. 带土球移植　夏季由于气温上升，为提高地被植物移栽成活率，一般采用带土球移植的方法。将带土球苗入穴，填土压实，不可压碎土球，栽植深度与移栽前保持一致。

（四）栽植后的养护

栽植后随即浇一次透水，后续根据墒情浇水。加强日常养护，中耕除草、病虫害防治等工作，注意做好排水，避免积水烂根。

四、水生植物的栽植与养护技术

（一）栽植的时间

水生植物成活的关键在于恢复期能否安全度过当年气候最不利的时期（往往是冬季）。大部分水生植物可在生长期（4 ~ 10 月）栽植，但栽植前要摘除一定量的叶片，且失水时间不宜过长。

耐寒性差的水生植物必须在生长期种植，休眠期种植极易造成冻害，如梭鱼草、花叶水葱、纸莎草、旱伞草、再力花、水生美人蕉等。

耐寒性强的水生植物可在休眠期种植，如芦竹、水葱、水毛花、千屈菜、黄菖蒲等。

（二）起苗

选择根系发达的根苗，在起挖过程中要保持根系的完整，避免造成机械损伤。起苗时间与栽苗时间要紧密配合，遵照随挖随栽的原则。

（三）运输

水生植物运输过程中要做好保湿工作，确保植物体表湿润，避免失水过多降低成活率。

（四）种植

首先，应严格确定出正常水位线。其次，根据不同植物的水深适应性确定种植深浅，以免因水位过深或过浅导致植株不能正常生长（表 4–2）。

表 4–2　水生植物栽植深度

植物类别	适宜水深	要点
挺水植物	一般为 0 ~ 60cm	保证茎叶能够在水面之上
浮叶植物	一般为 60 ~ 150cm	保持叶子浮出水面
沉水植物	一般为 50 ~ 200cm	一般为水体能见度的两倍，保持水高超过植株
漂浮植物	无上限	水深足够使其漂浮
湿生植物	常水位以上	保持土壤湿润、稍呈积水状态

（五）种植后的养护

注意水面清理，保持水质清洁无污染。生长阶段及时清除水面以上枯黄部分。定期检查有无病虫害，每年至少追肥 1 次。混合栽植的，及时做好疏除工作。

五、观赏竹类的栽植与养护技术

（一）移栽的时间

散生竹和混生竹适宜移栽时间为每年 10 月至翌年 2 ~ 3 月，丛生竹适宜移栽时间在春季 2 ~ 3 月休眠期。在保证母竹质量的前提下，精心管理，保持水分平衡，四季可移栽。

（二）挖种植沟

在挖穴前应对栽植地进行全面耕翻，深度不低于 40cm，清除土壤中的石块、杂草、树根等杂物。土地整理完成后挖长方形种植穴，穴深根据竹子的种类而定，竹子是浅根性植物，一般坑深 30cm。

（三）起苗

一般选择生长健壮，分枝较低，枝叶繁茂，枝、叶、梢完整高度和竿径粗度比例协调，无病虫害的立竹作为母竹。因竹类生长较密，通常起挖时可将数支一同挖起作为一“株”母竹。一般散生竹 1 ~ 2 支 / 株，混生竹 2 ~ 4 支 / 株，丛生竹 3 ~ 5 支 / 丛。

1. 散生竹　起苗前应先确定竹鞭的走向，母竹必须带鞭。一般情况下，以母竹为中心向外 10 ~ 15cm 开挖，切断竹鞭，带土坨挖出母竹，注意竹鞭截面不得劈裂。

2. 丛生竹　在离母竹 25 ~ 30cm 的外围，扒开土壤，由远及近逐渐深挖。自母竹竿柄与老竹竿基的连接处切断，将竹蔸带土挖起。注意不得劈裂竿柄，尽量保留须根。

（四）修剪

母竹挖起后，一般应砍去竹梢，保留 4 ~ 5 盘分枝。修剪过密枝叶以减少水分蒸发，提高种植成活率。

（五）运输

母竹运输期间要轻提轻放，装车和卸车时禁止拖、压，以免造成泥球破碎或竹鞭断裂。

（六）栽植

栽竹应遵循深挖、浅栽、踩实的原则。先将适量表土或有机肥与表土拌匀后回填种植穴底部，之后将母竹放入穴内。外购苗应先解除母竹根盘中的包扎物，母竹根盘面与地表面保持平行，使鞭根舒展，通常母竹根盘表面比种植穴面低 3 ~ 5cm。随后回填土，分层踏实，整个过程中应避免伤鞭根和鞭芽。最后，培土与地面齐平。

为了控制散生竹和混生竹种植后发展面积，根据景观营造效果，要及时埋下隔离板，做好竹鞭的隔离工作。隔离板的预埋深度根据竹的种类而定，一般大型竹种 1m 以上，中小型竹 0.7m 以上，注意上口不要露出地面。

（七）种植后的养护

竹子喜水，栽植后要随即浇一次透水，保持土壤湿润，并做好后期浇水工作。大风时需打支撑，防止竹子倒伏，利于竹子在土壤中及早固定生根。竹叶部分或全部脱落，只要枝干还保持鲜绿色，注意保湿，均能成活。

六、影响植物栽植成活因素

植物栽植时，采取正确的技术措施，各个环节紧密衔接，严格把关，才能更好地促进植物成活。结合养护实践，影响植物栽植成活的主要因素如下:

（一）苗木种类

植物的生态习性不同，适应新环境能力有所差异，特别是新引进的异地苗木，不适宜本地土质或气候条件，长时间运输失水较多，种植后会渐渐出现死亡现象，根系质量不好的植物更加严重。

（二）移栽时间

控制好起挖到移栽的时间，做到随起随栽，如果时间过长，未采取保持或减少水分流失的有效措施，树体水分损失过多，树木不易成活。

（三）起苗方式

起挖过程中选择合适锋利的工具，避免植物根系受损严重。土球大小应符合规范要求，偏小造成根系受损严重。常绿树木未带土球移植，造成根系大量受损，叶面蒸腾过量，萎蔫死亡。落叶树种生长季未带土球移植，影响树木成活。

（四）栽植深度

树木移栽时，填土深度超过土球 10cm，即为树木栽植过深，易造成根系缺氧烂根死亡，不发根、不发芽、长势弱等。树木栽植过浅，土球或根系露出地面，树木枝叶、根系所需养分供应不足，引起树体水分回流，导致树木衰弱，造成死亡。

（五）水分管理

栽植后浇水应做到及时，浇足浇透。养护中会出现树穴内虽已灌满，但水未到达根部，实际未浇透；有时干旱恰逢有雨，但雨量不够，从地表看水分充足，实际根部干旱，导致植物缺水出现死亡。雨季地面长期积水，不耐涝的树种栽在低洼地，根部受涝腐烂，易导致死亡。

（六）其他

带土球移栽的树木，浇水后倒伏被强行扶起，土球遭到破坏，毛细根受损严重导致死亡；栽植时根部与土壤结合不紧密，营养吸收不足导致死亡；后期遭遇虫害、病菌感染等均会影响植物成活率。

第三节　常见园林植物的栽植与养护要点

景区常见园林植物在其栽植和养护管理措施上，既有共性也有差异。在了解其共性的基础上，根据不同植物特性，有针对性地开展研究和掌握植物的移栽技术和管护措施，对指导生产实践具有重要意义。本节选入中原地区部分常见园林植物，重点介绍其生长习性、移栽及养护要点。

一、雪松

（一）生长习性

雪松是松科雪松属乔木，浅根性树种，忌低洼湿涝和地下水位过高，喜光，稍耐阴，耐旱力较强，对土壤要求不严，抗寒性较强。

（二）栽植养护要点

1. 栽植时间　适宜在休眠期进行。

2. 土球和种植穴　带土球栽植。在移栽大雪松时，要采用大树穴、大土球栽植方法，因雪松怕积水，栽植深度为土球与地面平。

3. 修剪　栽植前忌疏除大枝，栽植后可结合苗木生长环境和景观效果，适当疏剪内部枝条。一般雪松树冠下部的大枝、小枝均应保留，使之自然地贴近地面呈现整齐美观的效果。

4. 打支撑和浇水　栽植后需打好支撑，防止下雨刮风倒伏，并立即围堰浇透水，后期两水需根据实际情况及时进行。雨季做好排水防涝工作。

5. 日常养护　参照本章中乔灌木的养护技术。

二、白皮松

（一）生长习性

白皮松是松科松属乔木，又名三针松，喜光，喜排水良好而又适当湿润的土壤，耐涝差，故在强度降雨或持续降雨后，应及时处理地势低洼处积水。

（二）栽植养护要点

1. 栽植时间　栽植以春季为宜，在土壤解冻后、气温回暖前移栽。

2. 土球和种植穴 白皮松带土球移植应保持土球完好。栽植时，树穴直径要比苗木的起挖根幅大 40 ~ 60cm，树坑不宜过深，不超土球上部 20cm 左右。回填土壤时分层踩实。应尽力避免栽植在地势低洼处。

3. 修剪 栽植前后，在不影响树体外形美观的前提下，对下垂枝、病枯枝、交叉枝、树冠中心的过密枝进行适当修剪，以缓解枝叶水分的蒸腾量，均衡树势。

4. 水分管理 回填土后，在树穴边缘筑起一圈土堰，立支柱，及时足量浇定植水。雨季做好排水防涝工作。

5. 日常养护 参照本章中乔灌木的养护技术。

三、樟

（一）生长习性

樟是樟科樟属乔木，又名樟树、香樟，喜光，不耐严寒，较耐水湿，但不耐干旱，稍耐阴，对土壤要求不严，在微酸性土壤中长势最好。

（二）栽植养护要点

1. 栽植时间 以春季刚要萌芽时为宜。

2. 土球和种植穴 带土球移栽，栽植穴应大，如果土壤过差要换土，内施一层基肥，再覆土 10 ~ 20cm，拌匀，栽入苗木，填土捣实。

3. 修剪 樟树移栽修剪时，应在保证观赏性的前提下适当疏枝。对截枝干的伤口，及时涂抹保护剂，以防病害感染和蒸腾失水。

4. 水分管理 栽后立即浇透水，后期浇水应把握“见干见湿、不干不浇、浇就浇透”的原则，切忌积水。高温季节，可向树体喷水保湿。

四、银杏

（一）生长习性

银杏是银杏科银杏属乔木，又名白果、公孙树，喜光，怕积水，喜湿润、肥沃土壤，不耐盐碱，较耐寒。

（二）栽植养护要点

1. 栽植时间 适宜春秋季栽植，以春季萌芽前最佳。

2. 土球和种植穴 通常带土球栽植，一般土球直径为胸径的 8 ~ 10 倍，尽量减少根系的损伤。回填土选用透气性、透水性较好的沙壤土，提高成活率。

3. 修剪　栽植前以修剪病虫枝、枯枝和杂枝为主，同时疏除轮生层之间的弱小枝条，不建议对枝条进行短截。

4. 水分管理　银杏喜水，但怕水淹，栽种后立即浇水。夏季雨水较多，应及时排水，防止积水烂根。

5. 其他管理　银杏树移栽后打好支撑，防止下雨刮风倒伏影响成活。

五、桂花

（一）生长习性

桂花是木樨科木樨属乔木或灌木，又名木樨，喜光，稍耐阴，不耐严寒和干旱，怕积水，对土壤要求不高，喜疏松、肥沃、湿润、排水良好的沙壤土。

（二）栽植养护要点

1. 栽植时间　一般在春季或秋季进行，但以春季芽未萌动前栽植最好。

2. 土球和种植穴　一般地径 2cm 以上的都应带土球，土球大小为地径的 6～10 倍，尽量少伤根，种植穴比土球大 40～60cm。

3. 修剪　栽植时不宜重剪，为保持冠幅完整，根据树形进行疏枝修剪，剪去徒长枝、交叉枝、内向枝和病虫枝等，并摘除 2/3 的叶片，减少吸收水分和营养，根部主要是对裂根、过长根等进行修剪。

4. 水分管理　栽植后前三次水必须浇足浇透，保持土壤湿润。

5. 其他管理　栽植后打好支撑，防风吹倒伏或歪斜；秋季栽植应做好树干保温工作，以防裂皮；天气干燥时，应进行叶面喷水或树干喷水。

六、红叶石楠

（一）生长习性

红叶石楠是蔷薇科石楠属常绿小乔木或灌木，萌芽力强，耐修剪整形，不耐涝，喜肥沃、湿润、土层深厚、排水良好的壤土或沙壤土，较耐寒，也耐阴，喜温暖湿润气候。

（二）栽植养护要点

1. 栽植时间　一般选择早春萌发新叶时移栽，成活率较高。不宜在秋冬季移栽，成活率较低。

2. 土球和种植穴 小苗栽植时带营养钵土团，保证根系土球的完整，栽植深度与移栽前种植深度保持一致。大苗移栽，土球是成活的关键，一旦土球散开，成活率会严重下降。

3. 修剪 移栽时剪去植株生长不良的细弱枝、病虫枝、过密枝及萌蘖枝等，为了提高成活率也可剪去部分叶片。红叶石楠萌芽力强，适合造型，结合移栽可修剪成各种形状。

4. 水分管理 移栽时，栽植地要施足基肥。栽后立即浇足定根水，并做好后续浇水工作。

第五章　景区草坪的建植与养护

第一节　草坪的基本知识

一、草坪的概念及功能

草坪在自然界中一般称为“草地”，在景观设计、构建和使用中称为“草坪”，具有美化环境、降低环境温度、保持水土、防风滞尘等一系列生态功能。在景区中，通过不同的草坪应用，展现出不同地域的园林景观效果（图5-1）。

图 5-1　草坪景观

二、景区草坪的类型

草坪按需求分类主要有游憩草坪、观赏草坪、疏林草地、固土护坡草坪、运动场草坪等。

如观赏草坪主要用于美化环境，主要特点是富有观赏性、茂密繁盛、质地柔软舒适。游憩草坪是一种专门用于人们日常休闲活动的草坪，主要特点是具有良好的耐磨性、抗压性、抗病虫害性，能够为人们提供一个柔软、舒适的草坪。

草坪按生态习性分类有冷型草坪与暖型草坪。

冷型草坪是指主要生长于寒冷季节且对低温适应能力较强的草坪；此种草坪一般在春、秋两季生长旺盛，耐寒能力强，但夏季容易受到高温、干旱等气候条件的影响。

暖型草坪是指主要生长于高温季节且对高温适应能力较强的草坪；此种草坪一般在夏季旺盛生长，冬季休眠。

草坪按草种类型分类主要有单一草坪、混合草坪、缀花草坪。

1. 单一草坪 指由一个草种或品种铺设而成的草坪。

优点：具有高度的均一性，整齐美观。

弊端：稳定性较差，要求精细管理。

建坪要点：单一草坪推荐选用暖型草坪草，以及冷型草坪草中侵占力很强的草种来铺设，如高羊茅或黑麦草等，以减弱杂草侵害。

2. 混合草坪 指由两个或两个以上草种混合建植的草坪。

优点：草坪成坪速度快，稳定性好，观赏期长。

弊端：观赏效果相对较差。

建坪要点：混合草坪要以保证草坪性状均一为前提，质地及色泽相差明显的草种一般不宜用于混合草坪的建植。

3. 缀花草坪 是在普通草坪或草地上，配置观赏性强的多年生草本观花植物的草坪。

优点：观赏性好，具有一定的生态价值。

弊端：管理成本较高。

建坪要点：观花植物建议选用耐粗放管理的球根类植物、具有观赏价值及生态价值的本土植物等。推荐铺设于游人较少的游憩草坪，以提高草坪整体的观赏价值。

三、常见的草坪植物

草坪植物大部分是禾本科的草本植物。按照草坪植物对于气候的适应性，可以将其分为冷型草坪植物和暖型草坪植物。

（一）冷型草坪植物

冷型草坪植物也称冷季型草坪植物，最适生长温度 15 ~ 25 ℃，气温

30℃以上会生长不适。

特点：耐寒性强，绿色期长，春、秋两季生长快，夏季生长缓慢，会出现短期的半休眠甚至死亡现象。

常见品种：高羊茅、草地早熟禾、多年生黑麦草等。

1. 羊茅属

高羊茅

生态习性：高羊茅是耐旱和耐践踏的冷型草坪草之一。在冷型草坪草中，高羊茅的耐高温能力相对较强，耐寒性相对差一些，较耐阴，耐粗放管理。在中原地区能越夏，适应性相对较强（图 5–2）。

图 5–2 高羊茅

紫羊茅

生态习性：紫羊茅生长缓慢，喜凉爽、湿润的气候，耐寒性较强，同时可耐 50%～70% 的荫蔽，在耐阴性上要比大多数冷型草坪草强（图 5–3）。

图 5–3 紫羊茅

2. 早熟禾属

草地早熟禾（多花早熟禾）

生态习性：草地早熟禾叶质细软，颜色光亮鲜绿；根茎繁殖力强，再生性好，较耐践踏，喜光；抗寒性强，喜冷凉、湿润的环境。但成坪速度较慢（图 5–4）。

图 5–4　草地早熟禾

普通早熟禾

生态习性：普通早熟禾根系浅，喜湿润、肥沃的土壤；较其他冷型草坪草更加耐潮湿。普通早熟禾在炎热的夏季会叶尖变黄，进入半休眠状态（图 5–5）。

图 5–5　普通早熟禾

3. 黑麦草属　黑麦草属是目前草坪应用中广泛使用的冷型草坪草之一。黑麦草属中作草坪草的主要为黑麦草。

黑麦草

生态习性：喜光，喜温暖、湿润及夏季较凉爽的环境。黑麦草具有耐践踏、耐涝、生长快，叶色浓绿，景观效果好，管理粗放等优点（图 5–6）。

图 5–6　黑麦草

（二）暖型草坪植物

特点：暖型草坪草喜热，在夏季生长迅速，春、秋两季生长缓慢，冬季休眠；同时抗旱、抗病虫害能力强，具相当强的长势和侵占力。因此，暖型草坪草多为单播，很少混播。

常见品种：狗牙根、杂交狗牙根、沟叶结缕草等。

1. 狗牙根属　狗牙根属草坪草是最具代表性的暖型草坪草。狗牙根属中用作草坪草的主要为狗牙根和杂交狗牙根。

狗牙根（百慕达草）

生态习性：极耐热和耐旱，耐践踏，耐修剪，侵占力强。此外，狗牙根还具有不逊于结缕草的抗寒能力，但狗牙根耐阴性差，在光照较弱的情况下无法正常生长（图 5–7）。

图 5–7　狗牙根

杂交狗牙根（天堂草）

生态习性：杂交狗牙根是由普通狗牙根与非洲狗牙根杂交后，在其子一代中分离筛选出来的优良品种。杂交狗牙根除保持狗牙根原有的一些优良性状外，还具有根茎发达、叶丛低矮密集、茎节间短的特点。在适宜的气候和栽培条件下，能形成致密、整齐的优质草坪（图 5–8）。

图 5–8 杂交狗牙根

2. 结缕草属 结缕草属草坪草是当前广泛使用的暖型草坪草之一。

沟叶结缕草（马尼拉草）

生态习性：沟叶结缕草喜温、喜湿，耐旱，耐瘠薄土壤，具有较强的蔓延性和侵占力，草层较厚，较耐践踏，易管理。沟叶结缕草的耐寒性和低温下保绿性介于结缕草与细叶结缕草之间（图 5–9）。

图 5–9 沟叶结缕草

中华结缕草（长花结缕草）

生态习性：中华结缕草生态习性与结缕草基本相同，而中华结缕草叶丛密度较高，叶片质硬，耐寒性较差，但更耐湿热，春季返青期相较结缕草略早（图 5–10）。

图 5–10　中华结缕草

第二节　草坪的建植

草坪的建植工作称为“建坪”。草种的选择、合理的建植程序是草坪建植成功的关键因素。

一、冷型草坪的建植方法

（一）建坪前的准备

选择合适的草种是草坪建植的关键。在草种选择时要综合考虑草种的自然特性、建植区域的气候与土壤条件、功能定位及建坪后的养护管理水平等各种因素，以确定不同草坪的建植方案。

草种确定后可对草坪坪床进行土壤改良及整理。一般来说草坪的坪床要求疏松透气、肥沃、平整、排水保水性良好。根据土壤状况可适当进行土壤改良（见第一章内容），完成后，即可进行坪床整理。在坪床整理过程中，可用白僵菌孢子加适量草炭土，翻拌入坪床，用来预防地下虫害的发生。由于草坪草的根系一般分布在30cm左右的表层土壤里，因此耕翻深度起码要达到10～30cm。原土种植坪床宜浅耕，非原土种植坪床宜深耕。耕翻后将坪床耙平整，如果是建植小块草坪，可在土壤干燥期用铁锹或其他工具将坪床翻松刨平。草坪可以有坡度，但不建议有陡坡、凹凸不平的情况（图5-11）。

坪床整理技术要点：草坪坪床土要细，坡要缓。通过耕翻改善土壤通透性，提高土壤水肥保持能力，有助于促进坪草生长。精耕细作，坪床软硬一致、坪床平整、肥力均匀，是建成整齐美观草坪的关键。

图5-11 坪床整理

（二）种子建植

对于冷型草坪来说播种建坪是主要的建坪方法，播种繁殖形成的草坪质量较高，同时操作简单，适宜于大面积建坪。种子建植程序如下：

1. 播种时间 大多数草坪草适于春季或秋季播种。为避免杂草在坪草生长初期生长旺盛对草坪造成为害，故夏末秋初为中原地区最佳播期。冷型草最适宜的播种温度为15～25℃，以避开炎热的夏季为宜。

2. 播种量 草坪种子的播种量随用途、草种、土壤等条件差异而略有变化，要因地制宜。土壤、水肥、温湿度等条件差的坪床播量要加大，条件优越的坪床播量可减少（表5-1）。

表 5-1　草种单播建议亩播种量

序号	种类	播种量（单位：kg）
1	早熟禾	8 ~ 12
2	黑麦草	10 ~ 15
3	高羊茅	10 ~ 15
4	紫羊茅	10 ~ 14
5	剪股颖	4 ~ 6

3. 播种方法　整好地后，利用播种机撒播或人工将草籽均匀地撒播于坪面，用耙子轻轻向一个方向耙地，用土覆盖，将草坪种子的播种深度控制在 0.5 ~ 2cm 即可。为使草种与土壤结合更为紧密，可在播种后对坪床进行碾压，之后及时喷水，以便出芽整齐一致。

4. 苗期浇水　播种后保持坪床湿润，是保证出苗整齐的重要措施。浇水要求喷灌，切忌大水漫灌，以防灌溉不匀冲坏坪面，造成秃斑和出苗不齐。

（三）幼坪养护

草坪的幼苗阶段，对外界环境的适应性弱，为了确保草坪草的正常生长，需要更精心的养护管理。

1. 修剪　新建草坪必须及时修剪，通常新苗长到 8 ~ 10cm 时进行第 1 次修剪，冷型草发芽后 1 个月即可修剪。修剪时，土壤要干燥、紧实，修剪刀片要锋利，不使用钝的或未调整好修剪高度的修剪机，避免撕碎或挫伤幼嫩的植物组织或把草坪连根拔起等。新建未完全成熟的草坪在修剪时应避免修剪过低、刀片过钝，可留茬稍高并多次修剪，直至植株健壮为止。

2. 施肥　草坪幼苗期一般不施肥。如有需要，施用含有微量元素的全素肥料可防止营养缺乏。

3. 灌溉　新建草坪必须及时灌水。按照“少量、多次、均匀”的原则，避免大水灌溉。在炎热干旱期灌溉时应避开高温。一般采用微喷或水滴细小的灌水设备。灌溉深度应超过 10cm，直到土层完全浸透为止。播种后至少 3 周内要经常浇水，以保持土壤湿润，避免幼苗缺水。

4. 表层覆土　新建草坪由于土壤沉实度不同，易造成草坪表面不平整，影响草坪质量。不断地覆土具有填充凹坑的效果，且有利于根的发育，促进匍匐茎地上枝条的生长。地表覆土的质地应与草坪土壤的质地相同，且土要细，注意土里不要混入杂草种子。

5. 杂草防治　在新建植的草坪中，防治杂草的最好方法是选择纯净的草坪草种，并在适宜的播种期播种。当杂草严重发生时，必须采用人工拔除的方法及时清理杂草。在必要时或条件允许的情况下可合理使用除草剂及植物生长调节剂来防除杂草。

6. 幼坪病虫害防治

（1）草坪播种前可用杀菌剂处理种子，即药剂拌种或药剂包衣。

（2）控制灌溉次数，不要过于频繁的灌溉，可避免大部分苗期病害。

（3）控制草坪群体密度，当播种量较大时会导致草坪过密，易引起病害。

（4）施用农药可预防或抑制病害发生。如蝼蛄在幼苗期会为害草坪，适当使用农药可避免此种情况发生。

（5）播种后立即掩埋草种或撒毒饵，用以驱避蚂蚁，避免草坪斑秃缺苗。

（四）成坪铺设

在建坪前准备工作完成后，即可进行成坪铺设。成坪铺设是最快速的草坪建植方法，最佳时间在春季和秋季，温度适宜，生长快，管理容易，是目前公园绿地中较为常用的建植方法之一。具体建坪方法如下：

（1）当坪床精细整平后即可准备草皮进行铺植。

（2）铺植草皮大小一般为50cm×100cm。为保证成坪紧密一致，在铺设时草皮与草皮之间应尽量贴紧，但要注意切勿重叠。为保证草皮之间的紧密性，在铺设时可在缝隙中充填沙土，防止根系暴露在空气中导致草皮缺水死亡。

（3）铺好后必须镇压，可敲打或用滚筒来回碾压草皮以保证压紧、压平、压实，滚压后立即浇透水，使根系与土壤充分结合。

（4）在铺设后到新芽萌发生长这段时间，需要经常补水，保持土壤湿润。对于草皮之间空隙较大或较深的区域，需要及时填充沙土，以便快速成坪。

二、暖型草坪的建植方法

（一）建坪前的准备

同冷型草坪播种相比，暖型草坪在播种时的草种选择、土壤改良、坪床整理等方面都基本相似，唯一需要注意的是由于暖型草坪草种大多喜光照，因此光照较弱的区域不建议建植暖型草坪。

（二）种子建植

对于暖型草坪来说，暖型草坪草均具强健的长势和竞争力，一旦群落形成，其他草种很难侵入。因此，暖型草坪草多数为单播，很少混播。在生产实践中，由于大多数暖型草种需要较高的温度才能快速发芽，且发芽率稍低，在播种时需要适当提高播种量，以保证出芽整齐。具体播种建植程序如下：

1. 播种时间 对于暖型草坪草来说炎热的夏季是播种的好时机，最适宜的播种温度为 25 ~ 35℃。同时为避免杂草在坪草生长初期对草坪造成为害，在条件允许的情况下可在播种前对坪床进行药物干扰，以减少杂草为害。

2. 播种量 草坪种子的播种量随用途、草种、土壤等条件差异而略有变化，要因地制宜。

表 5-2 常见暖型草种单播建议亩播种量

序号	种类	播种量（单位：kg）
1	结缕草	10 ~ 15
2	狗牙根（脱壳）	5 ~ 10

3. 播种方法 暖型草坪种子大多较小，在播种深度上，通常控制在 0.5 ~ 2cm。具体播种方法如下：

整好地后，利用播种机撒播或人工将草籽均匀地撒播于坪面，用耙子轻轻向一个方向耙地，使草种与土壤紧密结合，之后需要碾压坪面并及时喷水，以便出芽整齐一致。

4. 苗期浇水 暖型草坪尽管对水分需求不高，但播种后仍需保持坪床湿润，以保证草种能正常发芽生长。浇水方式同冷型草坪建植。

（三）幼坪养护

暖型草坪多在夏季播种，此时易受到杂草侵害。因此，在其幼苗阶段主要养护措施为杂草防治。需要注意的是，为使其尽快成坪，可在幼苗阶段伴随补水加施 0.1% 氮元素水溶肥。在幼苗阶段，暖型草坪的其他养护措施可参考冷型草坪的建植。

（四）无性繁殖建坪

无性繁殖建坪也称营养繁殖体建坪。对不易结实或建坪易退化的种子，常采用无性繁殖方法。无性繁殖材料主要有草块、枝条和匍匐茎。常见繁殖体建坪的草坪草种有匍匐剪股颖、杂交狗牙根和结缕草等。

建坪方法：

1. 铺草皮 对于暖型草坪草来说，铺草皮是最主要的建植方式。其要点及建植方法与冷型草坪草的铺设基本相同。

2. 切茎撒压法 对于小面积或在成本有限的情况下，可利用大多数暖型草的生理特性，采用切茎撒压法来进行繁殖建坪。切茎撒压法简单来说就是把草坪草匍匐茎均匀地撒在土壤表面，然后覆土滚压的建坪方法。一般在撒匍匐茎之前喷水，使坪床土壤潮而不湿。用人工或机械把打碎的匍匐茎均匀地撒到坪床上，而后覆土，使草坪草匍匐茎部分覆盖，或者用圆盘犁轻轻耙过，使匍匐茎部分插入土壤中。滚压后立即喷水，保持湿润，直至匍匐茎扎根。

三、缀花草坪的建植方法

缀花草坪是以禾本科草本植物为主，配以少量观花植物、多年生球根或宿根植物的自然式草坪。所配植花卉一般有洋水仙、风信子、葱兰、紫花地丁、蒲公英、雏菊等，其用量一般不超过草坪面积的1/3。花卉分布需疏密有致，自然错落，多用于游憩草坪和观赏草坪。

对于地形条件较差、养护需求较低，同时需要有一定观赏效果的区域，可以进行缀花草坪的建植。不同花籽混搭的缀花草坪可营造出美丽、自然的景观效果，也可以延长观花时间。

（一）观赏植物的选择

缀花草坪的组花多选用抗性强的野花，它们具有固土能力强、耐践踏、恢复性好等特点。对于大多数的一年生野花来说，它们具有结实自播的能力，而多年生的野花则可维持3~5年无须重新播种。

野花品种应选择开花前生长整齐，与草坪高度相近的植物，如蒲公英、地黄、地榆、匍枝毛茛、雏菊等。满足条件的乡土植物需要优先考虑。

缀花草坪的组花可以搭配合适的球根植物。球根植物对于恶劣环境有着超强的抵抗力和耐候性，同时丰富的植物种类对于维持草坪的健康成长有良好的促进作用，还能够延长草坪的观赏期。常见的适应范围较广的球根植物有：葱兰、石蒜、风信子、百合、酢浆草等。

（二）不同类型草坪点缀花卉推荐

一般来说，缀花草坪对草坪草的种类要求不是很严格。常用的草坪草耐阴性较好、适应性强，如禾本科植物的结缕草、早熟禾、狗牙根等，都可以与花卉混合种植，形成缀花效果。在生产实践中，缀花草坪所点缀花卉品种大多自由奔放，根据中原地区的气候条件和土壤特点，给出以下常见草坪种类及所对应花卉的品种推荐，以供参考（表 5–3）。

表 5–3　缀花草坪草种与花卉组合方法

序号	草种	花卉
1	草地早熟禾	金盏花、雏菊、冰岛虞美人、石蒜、葱兰
2	黑麦草	王不留行、桔梗、委陵菜、葱兰、蒲公英
3	杂交狗牙根	红车轴草、地黄、点地梅、半边莲、风信子、洋水仙、大花葱
4	沟叶结缕草	半边莲、林荫鼠尾草、葡枝毛茛、美丽月见草

（三）观赏植物的种植与养护

1. 一年生花卉　在春季可随草籽一起播种，也可在已建植成功的草坪上打穴播种。打穴播种优点是可控制花卉生长范围，需要注意的是播种不宜过深，以 1 ~ 3cm 为宜，播种后两周内需勤浇水，发芽后不宜过低修剪草坪。

2. 两年生花卉　最宜播种时间为天气凉爽的秋季。播种方式为撒播与穴播。需要注意的是大多数两年生植物秋、冬季植株整体高度较低，修剪草坪时不宜修剪过低，同时春季或夏季开花前应避免修剪草坪。

3. 球根植物　一般分为春植球根与秋植球根。栽种前应先了解所植球根的生态习性，选择适当播种时间。播种方式可根据需要进行抛撒定位种植（自然式）或划区域定植（规则式）。播种深度可用种球高度来确定，大多数球根植物种植深度为种球高度的 1 ~ 3 倍。无论使用哪种方法种植，在种植之后均可用草坪将种植区重新填补起来，不会影响球根植物正常生长。

对于缀花草坪来说，所植花卉从生长到开花前这一段时间，并不建议修剪，因此选择较为低矮的花卉种类是形成完美缀花草坪的关键。

第三节 草坪的养护管理

草坪的养护管理是一项系统性、综合性的工作，需要综合考虑草坪生长动态、环境因素、人类活动等多种因素的影响，重点抓好施肥、浇水、修剪和病虫害防治等工作，注重可持续性发展，推动草坪养护管理工作向更加专业化、科学化、精细化、生态化等目标前进。

一、灌溉

（一）灌溉方式及原则

草坪的灌溉方式常用喷灌。对于已经成坪的草坪来说，灌溉的原则是一次浇透，旱时再进行浇灌，浇水时应使水分达到土壤 15cm 深左右。

（二）草坪灌溉时间的判断方法

1. 观察植株 仔细观察草坪的外观及形态来确定草坪是否缺水。当草坪缺水时，叶色变浅，叶片卷曲。

2. 观察土壤 可用工具挖开土壤，观察土壤干旱深度，来确定是否浇水。

3. 使用工具辅助观测 使用精密的监测仪器对土壤的含水情况进行测定，来判断是否进行灌溉。

技术要点：①对保水性差的沙质土壤，在夏季，应增加灌溉次数，减少灌溉量；在冬季，应选择在一天中温度最高时进行灌溉，避免造成冻害。②对于保水性能较好的土壤，在雨季应减少浇水频率与浇水量。③在冬季土壤墒情差的区域，入冬前应灌一次“封冻水”；春季草坪草返青前，还应灌一次“返青水”。

二、修剪

（一）修剪高度

草坪的修剪高度也称为留茬高度。不同草坪草因其特性不同，其所能耐受的修剪高度也不同。对于大多数草坪草来说，考虑到草坪美观度、草坪草的抗性和管理费用等，建议其修剪高度为 5 ~ 10cm。

草坪的修剪高度还与季节及草种的生理特性直接相关，如冷型草坪草在夏季，其修剪高度应比春秋季节低 1 ~ 2cm；遮阴地生长的草坪，其修剪高度应比全光照下的草坪高 1.5 ~ 2.5cm。在景区，在生长季的晚期，草坪的修剪高度应适当提高，目的是提高观赏期。

（二）修剪频率

草坪的修剪频率取决于草坪的生长状况与养护管理。在景区中，出于观赏需要，延长绿期，草坪修剪时间一般为 4 ~ 10 月。在中原地区，可利用暖型草自身的生态习性，在上冻前对其进行一次较低高度的修剪，以防范冬季失火、清除越冬虫卵；还能使返青期提前，使草坪提前进入最佳观赏期。

在温度适宜、雨量充沛的春季和秋季，冷型草坪草生长旺盛，建议每周修剪；而在炎热的夏季，冷型草坪草生长缓慢甚至停滞，需要减少修剪次数。

暖型草坪草则正相反，夏季需经常修剪，而其他季节因温度较低，草坪草生长较慢，修剪频率可适当降低。

（三）修剪方式

草坪修剪方式主要以机械修剪为主，机械修剪即使用剪草机修剪草坪。依据剪草机的工作原理，可将其分为旋刀式剪草机和割灌割草机两种。旋刀式剪草机主要用于修剪高度高于 5cm 的草坪；割灌割草机主要用于其他修剪机械难以接近的地方，如树木周围和陡峭坡地的草坪。

在进行机械修剪前，首先应将草坪中的杂物清理干净；其次应检查剪草机是否工作正常，是否有漏油现象，刀片是否锋利等。景区修剪时应避免漏草，收草袋及时倒掉，防止外漏，以免影响美观和滋生病害。

三、施肥

（一）施肥方法

一般来说，管理粗放的草坪，对草坪质量要求不高，在生长季适当补充氮肥即可；管理精细的草坪，对肥料的需要量大，每个生长季需施用充足的氮肥；普通的绿化草坪，养护管理水平中等，一般每个生长季施用氮肥 6 ~ 15g/m^2。草坪施肥后需及时灌溉，以促进养分的分解和草坪草的吸收，防止肥料“烧苗”。

（二）施肥时间

草坪施肥次数常常取决于草坪养护管理水平。低养护管理的草坪，如每年只施用1次肥料，冷型草坪安排在秋季，暖型草坪则在初夏；中等养护管理的草坪，冷型草坪在春、秋季各施用1次，暖型草坪在晚春和仲夏各施用1次；精细养护管理的草坪，无论是冷型草坪还是暖型草坪，在草坪草生长快速的季节，最好每月施肥1次。

（三）施肥要点

草坪草生长旺盛的时期是最佳的施肥时间，而当草坪草步入休眠期时或发生病害时应避免施肥。因此，冷型草坪草在越夏时应避免施肥，而暖型草坪草在夏季应勤施氮肥。

施肥量不是绝对的，需要根据土壤状况决定，比如沙质土壤保肥能力差，因此施肥量较壤土或黏土要大。总体而言，施肥时应遵循少量多次的原则，施肥后及时浇灌，防止"肥害"发生。

四、常见杂草防除

（一）常见的草坪杂草

我国常见草坪杂草种类繁多，大约有四百多种。主要将其分为三类：禾本科杂草、阔叶类杂草及莎草科杂草。

1. 禾本科杂草（图5–12）

左：狗尾草　右：鹅观草

左：马唐　右：牛筋草

图5–12　常见的禾本科杂草

2. 阔叶类杂草（图 5–13）

左：钻叶紫菀　右：中华苦荬菜

左：早开堇菜　右：一年蓬

左：小蓬草　右：藜

左：铁苋菜　右：蛇莓

左：龙葵　右：白车轴草

图 5–13　常见的阔叶类杂草

3. 莎草科杂草（图 5–14）

左：水蜈蚣　右：香附子

图 5–14　常见的莎草科杂草

（二）草坪杂草的防除方法

综合治理是杂草防治的基本原则。具体措施如下：

1. 减少杂草种子来源　选用无杂草的草坪种子，且场地尽可能清理干净。

2. 使用土壤处理剂　在新建草坪播种前灌水，将土壤处理剂（封闭剂）均匀地喷洒到土壤上形成一定厚度的药层（药膜），封闭剂药层对杂草的作用主要是通过杂草幼芽与幼根的吸收，抑制其生长，刺激根部产生瘤状畸形，致使杂草死亡。

3. 适地适草，选择优质、竞争力强的草坪品种　选择合适草种建植草坪，可有效抵制杂草。优良草种生长旺盛，竞争力强于部分杂草。

4. 利用栽培措施防除杂草　禾本科杂草于秋季不易发生，此时播种禾本科草坪可对禾本科杂草形成竞争优势，只需要防除阔叶类杂草即可。

在杂草未发生时，及时进行水肥管理，加快草坪草生长，能够抑制杂草的生长。在早春，杂草还未出苗时，及时灌水、施肥有利于冷型草坪的返青和生长，从而抑制杂草萌发和生长。

5. 人工拔除或修剪

（1）对杂草不多的观赏性草坪多采用人工拔除杂草的方法。

（2）适时修剪可有效防除杂草。大多数杂草不耐频繁的修剪，如早熟禾、狗牙根及结缕草等耐修剪的草坪，可在生长期通过频繁修剪来防除部分杂草。

6. 化学防除　化学防除对大部分多年生、深根性杂草最为有效。化学防除应根据草坪类型、杂草种类、主要杂草发生消长规律选择合适的除草剂，并采用适当的用药时间和方法。

五、草坪虫害预防

为害草坪的常见害虫主要有：蝼蛄类、蛴螬类、夜蛾类等（5–15）。为了预防这些草坪虫害，可以采取以下措施：

1. 养护草坪　草坪的养护管理是预防草坪虫害的重要措施。采用定期施肥、浇水、修剪等措施，促进草坪生长并增加草叶的密度，使草坪害虫无法在草地上方便地移动和捕食。

2. 生物控制　利用天敌、寄生性线虫等生物控制剂来防治草坪害虫，如采用苏云金杆菌等高效的生物控制方法。

3. 化学控制　如在草坪上喷洒适量的农药，如溴氰菊酯等药物都可以有效地控制草坪害虫数量，但使用时必须注意药剂的种类、浓度及使用的频率等因素。

4. 物理控制　通过人工排除或手动挖洞来控制草坪害虫的数量，可缓解害虫为害。

左：夜蛾类　右：叶螟类

左：蛴螬类　右：蝼蛄类

图 5–15　常见的草坪害虫

需要注意的是，以上方法需要根据不同情况和害虫为害程度灵活运用，并及时调整养护管理工作。同时，还要科学合理地选择草坪种类，以适应当地气候和土壤环境，提高草坪自身的抗虫害能力。另外，建议使用环保型农药，并按照说明书上的剂量使用，以免对环境和人体造成伤害。

六、草坪病害预防

（一）草坪的常见病害

1. 褐斑病 主要由立枯丝核菌引起的一种真菌病害，主要侵染冷型草坪草，也侵染狗牙根属及结缕草属草坪草，是草坪病害中分布范围最广的病害之一，严重时会使草坪形成大面积斑秃。

2. 白粉病 是由不同种类的白粉病原菌所引起的一种枝、叶部病害。白粉病不会引起草坪草的迅速枯萎或死亡，但会影响其生长发育。植物受白粉病原菌感染后，其叶片及枝条上会产生白色粉末状的斑点。

3. 腐霉枯萎病 是由腐霉属真菌引起的一种毁灭性病害，且分布范围广，在高温高湿时为害严重。腐霉菌为土壤习居菌，通常存在于土壤及枯草层中，主要侵染冷型草坪草及草坪草幼苗。

4. 锈病 锈菌是严格的专性寄生菌。锈病是草坪中常见的茎叶病害之一，与白粉病相似，锈病一般不会引起草坪草的迅速枯萎和死亡，但会使草坪草抗逆性下降。

5. 霜霉病 草坪霜霉病主要是由大孢指疫霉侵染而形成的一种真菌病害。感染霜霉病的早期植株略矮，叶片变厚或变宽，不变色。发病严重时，草坪上出现直径 1 ~ 10cm 的黄色小斑块。受害植株根黄且短小，很容易被拔起。在潮湿条件下，感病叶片出现白色霜状霉层。霜霉病易在排水不良的地方发生。

常见的草坪病害见图 5-16。

左：褐斑病 右：白粉病

左：腐霉枯萎病 右：锈病

图 5–16 常见的草坪病害

（二）常见草坪病害的预防

（1）选用对某种病害抗性较强的品种。

（2）进行科学的养护管理。在雨季到来时，少施氮肥，适量增加磷钾肥用量，避免傍晚浇水；对发病前期长势较弱草坪，适量施用生根剂，可有效预防褐斑病、腐霉枯萎病、早熟禾枯斑病等。

（3）提前进行化学药剂预防。建坪前可用代森锰锌、甲基托布津、粉锈宁等对土壤、种子消毒，可预防褐斑病、枯萎病等土壤习居菌；成坪后也可进行药物喷淋来预防此类病害。

七、其他养护管理措施

（一）打孔

一般选择在草坪生长旺盛时对建植两年以上的草坪进行打孔，并配合施肥、覆土、灌溉等措施。

注意事项如下：

（1）由于夏季气温过高、水分蒸发较快，同时易萌发杂草等，应尽量避免在夏季进行打孔作业。

（2）为了提升打孔效果，一般在打孔后会进行铺沙、拖耙等作业。

（3）打孔后产生的心土，可待其干燥后通过垂直刈割和耙草，使之粉碎后重新进入孔中。

（4）打孔后进行拖耙作业时，还可重新补种草籽，这样不仅能够有效防止杂草，还可快速恢复草坪观赏效果。

（二）铺沙

铺沙也称表施土壤，是将一层薄沙或碎土等介质，均匀施入草坪表面的作业。对新建草坪来说铺沙可防止草坪草徒长，起到平整坪床的作用。配合打孔，还可将肥料和有机质混合施入草坪，促进草坪草生长；或将农药混入，以杀灭地下害虫和土传病原物。

铺沙时间：对于需要铺沙的草坪，通常暖型草坪草在 4～7 月和 9 月，冷型草坪草在 3～6 月和 10～11 月可进行铺沙作业，即在草坪草生长旺盛期进行铺沙作业。铺沙材料要适当干燥，以便能均匀地施入草坪。

注意事项如下：

（1）铺沙前必须先行剪草。

（2）铺沙后不能施肥。

（3）一次铺沙的厚度不宜超过 0.5cm。

（4）配合打孔作业后进行的铺沙作业，铺沙量应与打孔带走的心土量相等。

（三）中耕

中耕又称中耕松土，草坪的中耕方式一般有垂直切割和穿刺两种。

切割、穿刺与打孔相似，但强度较小，因此可经常进行作业。建议在夏季或春季返青前进行作业。通过切割作业有利于匍匐生长的草坪萌发新枝，刺激生长，还可改良土壤的通透性。

（四）切边

草坪切边的主要意义在于美化草坪，使草地看起来更整洁、有条理。它可以清晰地定义草坪边缘，增强草坪与其他区域之间的视觉分隔效果，防止草坪过度生长而影响草坪的健康和美观度，同时方便草坪的维护和管理。总之，草坪切边是维护草坪健康和美观的重要手段（图 5–17）。

草坪切边主要方式是使用手动修边工具进行切边。在手动修边时可以依照以下步骤进行：

1. 准备工具　修边剪、修边铲和安全手套等。

2. 选择适当的天气　最好在天气晴朗、没有下雨或草坪土壤不太湿的情况下进行修边工作。

3. 清理草坪边缘的杂草与碎石　使用修边铲或手动将草坪周围的杂草和碎石挖掉。

4. 开始修边　将修边铲插入草坪地面下 5 ~ 7cm 深处，然后将铲向外倾斜 45°，并沿着草坪边缘切割修剪。同样的方法也适用于修剪草坪角落。

5. 定期修剪　草坪的生长速度很快，定期检查草坪边缘是否需要修剪。

图 5–17　草坪切边

（五）耙草

耙草也叫梳草，主要目的是清除枯草层，起到消除杂草和改善草坪表面透气状况的作用。

耙草时间：对冷型草坪草而言，返青前疏草可使草坪提前返青，返青后可进入快速生长的恢复期。因此，夏末秋初是冷型草坪草疏草的好时机。对于暖型草坪草而言，一年只有一次生长高峰，最佳的疏草时间为生长高峰来临前的春末夏初时期。通常疏草作业后草坪要有 30 天左右的恢复期，且处于休眠状态的草坪最好不要进行疏草。

（六）修复

1. 草坪的修复方法

（1）当时间宽裕时，可以采取补播种子的办法。

（2）在时间紧迫、立即就要见效果的情况下，可采取重铺草皮的方法，快速修复草坪。

2. 具体措施

（1）补播时要先清除枯死的植株和枯草层，露出土壤，再将表土稍加松动，然后撒播种子，补播所用的种子应与原有草坪草一致。播种前可采取浸种、催芽、拌肥、消毒等播前处理措施，补后及时浇水，等待发芽成坪。

（2）重铺草坪时，先标出受害地块，铲去受害草皮，适当松土和施肥，压实、耙平后，即可铺设草皮，铺设的新草皮应与原有草坪草一致。用堆肥和沙土填补满草皮间空隙，并镇压，使草皮紧贴坪面，保证坪面等高，利于今后管理。

第六章　景区花海营造与养护

花卉旅游作为当前热门的生态旅游方式之一，倍受游客青睐。绚丽多彩的花海，作为花卉旅游的一种重要景观观赏类型，不仅能塑造出视觉冲击强烈的优质景观，还可以显著提高景区魅力，吸引更多游客观赏，有效地促进当地旅游业与花卉业的快速发展，如普罗旺斯薰衣草园、荷兰郁金香花海、保加利亚玫瑰谷、云南罗平油菜花海、成都石像湖郁金香花海等（图 6–1、图 6–2）。

图 6–1　法国普罗旺斯薰衣草

图 6–2　荷兰库肯霍夫公园郁金香

第一节　花海的概念及相关理论

一、花海的概念

花海，一种开满鲜花的自然景观或园林景观，即大面积花卉在花期集中盛开，形成一种繁华似海的视觉效果。当人们远远望去时，看不到边际，如海洋一般广阔；当风吹来时，花浪起伏，如同大海的波涛翻滚。

二、花海的分类

（一）依据人工化程度

依据人工化程度不同，可分为自然花海、半人工花海及人工花海。

1. 自然花海 在特殊的生境条件下形成的天然花海，具有良好的生态环境条件及丰富的物种多样性。

2. 半人工花海 在保持自然生态系统稳定发展的前提下，人类以自然花海为基础，通过人为干预进行优化设计与栽植，营造出景观形态更加丰富的花海。

3. 人工花海 根据植物的生物学特性控制花期、花色及规模等，人工设计营造的花海，多以草本花卉为主。

（二）依据群落结构

依据群落结构不同，可分为复层群落式和单一种群式花海。

1. 复层群落式 通过多个层次的植物自然群落演替和进化，呈现自然美、低养护、效果稳定且生态良好的花海景观，包括复层草本植物群落和复层木本植物群落。景区一般常采用木本花卉和低矮草本经济作物结合形成复层草本群落，有效提高土地利用率。

2. 单一种群式 大面积栽植单一植物，营造绚丽的花海景观，展现植物群体美。

（三）依据功能类型

依据功能类型不同，可分为农业生产类、花卉基地类和景区观光类花海。

1. 农业生产类 由传统农作物生长形成的花海景观，具有较为明显的景观时序性。因地区差异性，同一作物在不同地区呈现的花海景观也不尽相同，此类景观多用于打造乡村旅游和生态旅游。

2. 花卉基地类 花卉基地集花卉种植、销售、加工、观光等产业为一体，一般选址在城市近郊交通便利的地方，随着观光旅游的发展，吸引了大批游客观光旅游。

3. 景区观光类 景区结合花卉旅游节庆项目营造出主题鲜明、观赏为主的花海景观，并通过有效的运营管理带动整个景区及周边相关产业发展。

三、花海营造的基本原则

1. 主题性原则　花海是一种景观，更是一种文化特色。根据花卉的文化内涵赋予花海主题，在空间形态、色彩搭配、花卉植物及景观小品等元素上具体体现，可以更好地弘扬景区地域文化特色。

2. 艺术性原则　完美的花海景观应该是科学性与艺术性的统一，既满足植物与环境在生态适应上的统一，又依靠花卉植物的形体、线条、色彩等特征，通过艺术构图原理体现出植物个体及群体的形式美，以及人们欣赏时所产生的意境美。

3. 生态性原则　设计建设过程中应以保护原有生态资源为出发点，注重协调利用好原有场地的地形、水系、植物等各种自然景观元素，努力做到人与自然和谐相处，达到最佳的环境效果。

四、花海营造的要点

（一）注重设计构图与色彩搭配

设计构图与色彩搭配是花海营造的基础，直接决定着花海营造的表现效果。设计构图与色彩搭配主要是对花海植物按照一定方式进行编排和组合，运用“重复、近似、渐变、对比、集结、发射”等表现手法呈现出一定的节奏、韵律，具有秩序之美，从而加强了图形结构与色彩上各元素的相关性，更好地体现出花卉的色、形、味等特点，获得更好的景观效果（图 6–3）。

图 6–3　国庆菊构图与效果

（二）因地制宜塑造微地形

适宜的微地形处理有利于丰富花海要素，形成景观层次，加强景观艺术性。塑造地形要在尊重原有场地条件下，综合考虑花卉的种植形式、游览路线、观赏视角等因素，一般来说，平坦的地形适合大面积片植，营造广阔花海的效果；起伏的地形适合相对较小的空间，充分利用垂直方向拓宽观赏空间，增强景观层次（图 6–4）。

图 6–4 广阔的花海

（三）特色景观小品

花海是一种参与性很强的景观，景观小品的介入会让花海景观变得更加立体，更加鲜活。遵循“顺应自然，突出乡土，强化主题，意向明确，造型简练”的原则，设计出符合主题文化内涵的景观小品，引导观赏者产生想象与联想，在欣赏花卉自然美的同时领会文化中蕴含的人文美（图 6–5）。

图 6–5 音乐主题花海

（四）尺度关系

花海营造要精准把控花卉植物、道路广场、构筑物等景观元素的尺度关系，力求布局疏密有致，空间大小协调，结构层次丰富，充分展示花卉造景的魅力（图 6–6）。

图 6-6　景观尺度与空间关系

本书讲述的花海是人工或半人工所形成的复层群落式或单一种群式花海，可广泛应用于园林园艺类博览园、部分自然风貌景区、城市公园绿地、郊野公园、农业观光园及花卉基地等旅游景区。景区花海营造一般以球根花卉花海、宿根花卉花海、一二年生花卉花海等为主。

第二节　球根花卉花海营造与养护

球根花卉是地下部分的根或茎发生变态，肥大呈球状或块状的多年生花卉。球根花卉由于种类多、品种丰富、花色绚丽、花期易于控制、适应性强、管理简单等优点，被广泛应用于花坛、花境、花带、花海等园林景观。

（一）根据变态类型分类

1. 球茎类　地下茎短缩膨大呈实心球状或扁球形，其上着生环状的节，节上着生膜质鳞叶和侧芽；侧芽基部萌发出下一代新球，如唐菖蒲。

2. 鳞茎类　地下茎变态呈圆盘状的鳞茎盘，其上着生多数肉质膨大的鳞叶，整体球状，又分有皮鳞茎和无皮鳞茎。有皮鳞茎如水仙、郁金香、风信子等。无皮鳞茎如百合、贝母等。

3. 块茎类　地下茎或地上茎变态呈不规则实心块状或球状，无皮膜包被。部分类型可在块茎上方生小块茎用来繁殖，如马蹄莲等；而部分类型不分生小块茎，如仙客来、球根秋海棠等。

4. 根茎类　地下茎膨大呈根状，具明显的节，节上抽生侧芽。顶芽能发育成花芽，侧芽形成分枝。如美人蕉、荷花、姜花、铃兰和鸢尾类等。

5. 块根类 地下根变态呈块状。块根不能萌生不定芽，发芽点只存在于根颈部的节上，繁殖时须带一段根颈部，如大丽花、花毛茛、银莲花等。

（二）根据栽培习性分类

1. 春植球根 春天栽植，夏季开花，冬季休眠。花芽分化一般在夏季生长期进行，如大丽花、美人蕉、唐菖蒲、朱顶红等。

2. 秋植球根 秋天栽植，翌年春季开花，夏季休眠。花芽分化一般在夏季休眠期进行，如水仙、郁金香、风信子等。

不同种类球根花卉，对温度要求不同。春植球根花卉喜温暖气候，不耐寒，秋冬季进入休眠期；秋植球根花卉喜凉爽气候，不耐炎热，较耐寒，夏季进入休眠期。

以中原地区为例，营造花海一般常用球根花卉有郁金香、葡萄风信子、百合、水仙、唐菖蒲、美人蕉、大丽花、石蒜等。

一、郁金香花海营造与养护

郁金香是百合科郁金香属的秋植球根花卉，被誉为“花中皇后”，品种丰富、花色繁多、色彩艳丽、亭亭玉立，是风靡全球的球根花卉之一。

郁金香花海建设一般流程：

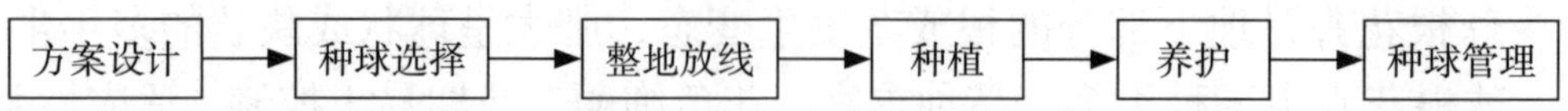

（一）方案设计

依据现有场地条件，充分考虑内容的专业性、艺术性与丰富度，设计出主题明确且具有文化内涵的花海方案。

1. 花期配置 郁金香按花期可分为早花类、中花类、晚花类。为了延长花海的观赏期，一般选早、中、晚三类花期郁金香搭配应用。在数量配比上，早花和中花占 80% 以上，目的是为了尽早吸引游客前来观赏。此外，将相同花期的品种种植在一起，能够更好地形成震撼的花海效果，花带效果更加明显（图 6–7）。

图 6–7　郁金香花海效果

2. 花色配置　郁金香花色多样，主要有红、黄、白、粉、紫及复色等。在花色配置上，一般以红、黄色为主色调，通过对比色搭配、相近色搭配、混合色搭配等方式，达到色彩和谐、自然美观的效果（图 6–8）。

图 6–8　郁金香多色搭配效果

3. 表现形式

（1）以色块为主，辅以条形色带，花海效果震撼。注意同花期品种种植在一起（图 6–9）。

图 6–9　郁金香色块与色带

（2）以尺度较大的长条带式布局进行集中展示，营造大气、震撼的效果（图 6–10）。

图 6-10　郁金香长条带式布局

（3）混合栽植。可采用同花色混栽、同花期混栽及随机混栽等方式，具体栽植形式不受限制，可以是块状或带状等。郁金香混栽的种类数一般为 2～5 种，至多 10 种。此外，郁金香也可与其他球根花卉混栽，如与洋水仙、风信子、葡萄风信子混栽最为常见，花期相对吻合。郁金香混栽用球可以是当年采购的种球，也可以是前一年栽植后挑选出的质量较好的二代种球（图 6-11）。

图 6-11　郁金香混栽效果

在花海方案设计过程中，要对方案效果如色彩、花期、效果随时间变化等有一定的预判，花卉配置要有节奏性和韵律感。

（二）种球选择

宜选择适应性强、花形美丽、花茎粗且坚实、整齐度高的优良品种。种球要求为成熟健壮、质地坚实、完整无损、无病虫为害，周径在 12cm 以上的优质种球（图 6-12）。

图 6-12　郁金香种球

（三）整地放线

1. 种植地选择　宜选择阳光充足或半阴的环境及疏松透气、肥沃、排水良好的沙壤土种植，忌碱性土壤，避免在低洼易涝处种植。

2. 施肥、整地　种植前一周左右，每亩施入 2 000～3 000kg 腐熟的有机肥或 50kg 氮磷钾复合肥（图 6–13）；喷洒 50% 的多菌灵 500～800 倍液对土壤进行消毒；深翻土地 40cm 左右，去除砖石、瓦砾、土块、杂草等（图 6–14）。

左：均匀撒施有机肥　右：均匀撒施复合肥

图 6–13　施肥

图 6–14　整地

3. 放线　根据设计图纸，使用皮尺等测量工具测量好实际距离，并用灰点、灰线做好标记；对于面积较大的区域，可采用方格法放线，即在图纸上画好方格，按比例相应地放大到地面（图 6–15）。

图 6–15 放线

（四）种植

1. 种植时间 在气温降至 10℃左右，土壤温度降至 9 ~ 13℃时。中原地区宜在 11 月中下旬种植。

2. 种球处理 剔除个别种球基盘处滋生芽及腐烂的种球，剩余正常种球用 50% 多菌灵 500 ~ 800 倍液浸泡，捞出沥干水分。

3. 种植方法 多采用开沟摆球方式种植，株行距（15cm × 20cm）~（20cm × 20cm）。先开约 10cm 深的沟，将种球尖端朝上放入沟中，均匀覆土，覆实土厚度 3 ~ 5cm。种球种植后，立即浇一次透水，确保种球根盘部位与土壤充分接触，避免地下空洞造成根系生长不良、植株矮小甚至出现盲花的现象（图 6–16）。

图 6–16 种植

（五）养护

1. 水分 入冬前浇一次封冻水，冬季不是特别干旱一般不需浇水，翌年春天要及时浇水，保持土壤湿润状态（图 6–17）。

图 6–17　浇水

2. 中耕除草　翌年 3 月应及时清除杂草。保持土壤疏松，每次浇水过后，为防止水分蒸发应及时松土，深度 1 ~ 2cm，注意不要碰断地上部的茎秆。

3. 施肥　生长期可喷施 0.2% ~ 0.3% 磷酸二氢钾肥叶面肥 2 次，增加茎秆、花蕾的健壮度。花败后施一次氮磷钾复合肥，每亩 20 ~ 30kg，促进种球生长。

（六）种球管理

1. 种球起挖　按品种起挖种球，一般是在茎叶枯黄而未脱落时进行，即中原地区一般在 5 月中旬前后进行。

2. 种球晾晒　将挖出的种球摊开放在阴凉通风处，晾 1 ~ 2d，后用多菌灵 500 倍液浸种球 10min，阴干，摆放在通风透气的箱体内，置于密闭的空间里，用 40% 福尔马林熏蒸消毒 24h 后打开通风（图 6–18）。

3. 种球储存　放置在阴凉通风的自然环境下储存（图 6–19）。

图 6–18　种球晾晒

图 6–19 种球储存

二、葡萄风信子花海营造与养护

葡萄风信子，又名蓝瓶花、蓝壶花、串铃花等，为百合科蓝壶花属多年生球根花卉，原产于欧洲中部。植株低矮整齐，整个花序犹如一串葡萄，早春开花，花色有白、蓝紫、浅蓝等色，花期可持续 40d，绿叶期长，适应性强，病虫害少，易于管理，是优良的观花地被植物，在花海中运用广泛（图 6–20）。

图 6–20 葡萄风信子花海

葡萄风信子花海建设一般流程：

（一）方案设计

一是成片种植，以带状或块状形式表现，可与草坪结合，多选择紫色系品种，形成浪漫的紫色花海。

二是与郁金香、水仙等搭配，形成多层次景观，如低矮的葡萄风信子搭配高秆的郁金香，既能够遮盖郁金香植株间裸露的土壤，又能丰富景观层次，使整个设计更为立体饱满（图 6–21）。

图 6–21　葡萄风信子与郁金香

（二）整地放线

1. 种植地选择　宜选择阳光充足或半阴的环境及疏松透气、肥沃、排水良好的腐叶土或沙壤土种植，忌碱性土壤，避免在低洼易涝处种植。

2. 整地　种植前一周左右，每亩施入 2 000 ~ 3 000kg 腐熟的有机肥或 50kg 氮磷钾复合肥；喷洒 50% 的多菌灵 500 ~ 800 倍液对土壤进行消毒；深翻土地 30cm 左右，去除砖石、瓦砾、土块、杂草等。

3. 放线　根据设计图纸，按品种、数量和面积放线。

（三）种植

1. 种植时间　在气温降至 10℃左右，土壤温度降至 9 ~ 13℃时。中原地区一般宜在 11 月中下旬种植。

2. 种球处理　应选择大小均匀、健康、饱满充实的种球，用 50% 的多菌灵 500 ~ 800 倍液浸泡 10min，捞出，晾干。其中，有鳞茎腐烂的种球弃之（图 6–22）。

3. 种植方法　采用开沟摆球方式种植，种植深度为 7 ~ 10cm，株行距为 5cm × 8cm 或 5cm × 10cm，顶芽朝上摆放种球，均匀覆土，覆实土厚度 3 ~ 5cm。

图 6-22 葡萄风信子种球

（四）养护

1. 水分 种植完成后，立即浇一次透水，保持土壤湿度，促进葡萄风信子鳞茎根盘生根，入冬前浇一次防冻水。在土壤表面干裂前，用耙子疏松表层土壤，保持土壤湿度。冬季不是特别干旱一般不需再浇水，翌年春天要及时浇水，保持土壤湿润。花谢后，仍要保持土壤湿润以促进种球生长。

2. 中耕除草 翌年 3 月应及时清除杂草。

3. 施肥 基肥不足时，花谢后可追施一次氮磷钾复合肥，促进球体膨大。

（五）种球管理

1. 种球起挖 7 月中下旬，葡萄风信子地上部分完全枯萎时，可将种球自然留在土壤中储存，也可以挖出种球，将发霉、腐烂、受损的种球弃之。种球自然留在土壤中储存时，地面上可种植夏季耐热、耐旱的一年生草花，弥补葡萄风信子夏季休眠时土地裸露的缺陷。

2. 种球晾晒 挖出的种球在阴凉通风处摊开晾干，后用 50% 多菌灵可湿性粉剂 500 倍液浸种 10min，阴干，摆放在通风透气的箱体内，置于密闭的空间里，用 40% 福尔马林密闭熏蒸消毒 24h 后打开通风。

3. 种球储存 放置在阴凉通风的自然环境下。

三、百合花海营造与养护

百合，又名强蜀、番韭、山丹等，是百合科百合属多年生草本球根植物，原产于中国，栽培历史悠久，品种繁多。百合花色艳丽，植株婀娜多姿、形态各异，花香沁人心脾、香满四溢，深受世界各国人民的喜爱。除了作为鲜切花、盆花外，百合也被广泛应用于园林造景中，已经成为景区造景新宠，为百合应用开启了新模式（图 6–23）。

图 6–23　百合花海

百合花海建设一般流程：

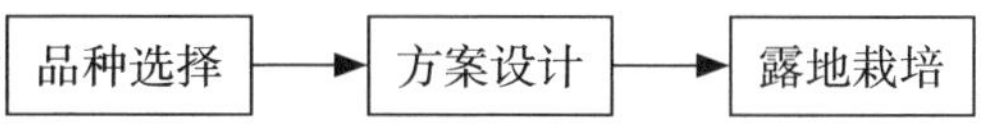

（一）品种选择

百合的原种和变种很多,现代栽培的品种是由多个种反复杂交选育而来。在花海营造时，常见的园艺栽培种类主要有以下三个种系：

1. 亚洲百合杂种系　亚洲百合的亲本包括卷丹、川百合、山丹、毛百合等，花直立向上，瓣缘光滑，花瓣不翻卷。

2. 麝香百合杂种系　又称铁炮百合、复活节百合，包括麝香百合与台湾百合衍生的杂种或杂交品种，花色洁白、花横生，花被筒长，呈喇叭状。

3. 东方百合杂种系　包括鹿子百合、天香百合、日本百合、红花百合及其与湖北百合的杂种，花斜上或横生，花瓣反卷或瓣缘呈波浪状，花被片上往往有彩色斑点。

一般应选择中等大小（单个鳞茎小型种重 25 ~ 30g、大型种重 100 ~ 125g，直径 3.3 ~ 5.0cm），鳞片紧密抱合而不分裂，鳞茎无损伤、无霉点、洁白、无病虫伤害且只有 1 个鳞芽的鳞茎栽植，严格剔除夹有烂瓣、畸形的种球。

（二）方案设计

设计上要结合百合文化，体现不同特色风情，满足人们审美需求。色彩搭配上应遵循色彩和谐的原则，采用同色调搭配法、互补色搭配法及混色搭配法，以达到色彩平衡的效果，提升景观品质。

常用的造景方式有：

1. 单一品种百合花海造景 将单个品种的百合分别以色块或色带的形式种植在不同的绿地内，开花整齐一致，极具视觉冲击力。种植过程中要考虑花色、形态及周边环境的搭配，适当配置园林小品丰富景观元素。比如选择景区沿路区域种植，百合花海会勾勒出一条蜿蜒飘动的花带，簇拥着游客，让游客全方位多角度细细欣赏。

2. 多品种百合组合花海造景 根据不同品种百合花的生长势、株高、色系、花期等特性，通过合理设计配置进行大面积种植，营造出色彩鲜艳的百合花海，达到视觉震撼的效果。为保证花期的延长，应将早、中、晚花品种和种植高度一致的品种混种，同时实现花色范围广、层次感强、观赏效果好的特点。此外，可将不同品种、株高不一致的百合利用微地形进行层级种植，与周边的乔木、灌木、草坪形成丰盈、充实的竖向空间。

（三）种植

1. 种植地选择 种植地宜选择光照充足、疏松肥沃、排水良好的沙壤土。

2. 整地 同郁金香。

3. 放线 根据设计图纸，按品种、数量和面积放线。

4. 种植 一般土地解冻后即可栽植，气温在10℃左右时适宜种植。中原地区露地栽培在2～3月，根据当地气候适当调整。

选用周径10cm以上充实、健壮的种鳞茎，东方系列在12cm以上。

选择充实、健壮的种鳞茎，亚洲系列百合鳞茎周径为20cm左右，东方系列百合鳞茎周径为12～14cm，麝香系列百合鳞茎周径为15cm左右。

百合属于浅根性植物，但种植深度应比其他球根花卉要深，一般种球顶端到土面距离为8～10cm。种植密度要结合种球的大小及所选定的品种而决定（表6-1）。定植后土壤应保持湿润，浇透水。一般3～5年起球一次。

表6-1 百合种植密度（单位：个/m²）

品种规格（cm）	10～12	12～14	14～16	16～18	18～20
亚洲百合杂种系	60～70	55～65	50～60	40～50	
麝香百合杂种系	55～65	45～55	40～50	35～45	25～35
东方百合杂种系	40～50	35～45	30～40	25～35	

5. 种植后管理 苗期应适当控水，以防土温过低或水分过多引起鳞茎腐烂。百合春季开始花芽分化，追施复合肥或花卉专用肥液，现蕾时以磷钾肥为主，保持土壤湿润。根据品种，及时设立支撑网或支撑杆，防止花枝折断。

百合喜光照充足的环境，光照不足易造成植株徒长、开花不良，但也要注意防止光照过强。在光照强度高的夏季，应用 50% 遮阳网适当遮阴至开花，并保证栽植地充分通风透气。

总之，百合花海营造过程中，应综合考虑材料成本、花期衔接等因素。特别在花期衔接方面，要对每一个品种从颜色、高度、数量、花期等方面进行对比、筛选试验，方可达到不同地块不同时间相继开放的理想观赏效果。

四、大花葱的应用与种植

大花葱，别名硕葱、巨葱、高葱、吉安花等，为百合科葱属多年生球根花卉。基生叶宽带形，灰绿色，伞形花序，由几百朵星状开展的小花组成，花径可达 25cm，硕大如头，根系鳞茎肉质具有葱味，故名大花葱（图 6–24）。

图 6–24 大花葱

大花葱色彩艳丽，有紫红色、白色、紫色等，是同属植物中观赏价值最高的一种，常丛植于花境、庭院、岩石旁或在草坪中作为点缀或带状栽植，近年来被广泛应用。花谢后，花柄及蒴果宿存，可以运用到不同风格的花艺作品中（图 6–25）。

图 6–25　大花葱的景观应用

1. 种植地选择　大花葱露地种植应选择排水良好、疏松、肥沃的沙壤土作种植地，半阴环境下。

2. 种植时间　一般在土地上冻之前，气温降至 10℃左右，土壤温度 9 ~ 13℃时。中原地区宜在 11 月中下旬种植。

3. 种植方法　采用穴植方式种植，株行距 25 ~ 30cm，种植深度为种球高的 2 ~ 3 倍，将种球尖端朝上放入，均匀覆土。

4. 管理　栽植完成后，立即浇一次透水，促进大花葱鳞茎根盘生根，入冬前浇一次封冻水，在土壤表面干裂前，用耙子疏松表层土壤，防止土壤干裂灌风，保持土壤水分和温度，冬季不是特别干旱一般无须再浇水。翌年春天要及时浇水，保持土壤湿润。在生长过程中，保持湿润，切忌积水。生长旺盛期可追施 1 ~ 2 次氮磷钾复合肥。

5. 种球采收与储存　夏季地上部分枯黄时，应控制浇水。地上部分完全枯萎后，把种球挖出，剔除发霉、腐烂的种球；或将种球留在土壤中自然储藏，地面上可种植夏季耐高温、较耐旱的一年生花卉，弥补大花葱夏季休眠期间土地裸露的缺陷。

将挖出的种球放在阴凉通风处摊开晾干，用 50% 多菌灵 500 倍液浸种球 10min，阴干，摆放在通风透气的箱体内，置于密闭的空间里，用 40% 福尔马林密闭熏蒸消毒 24h 后打开通风。储存应放置在阴凉通风的自然环境下。

第三节 一二年生花卉花海营造与养护

一二年生花卉是在一个或两个生命周期内完成其生活史，一个周期内完成生命史的为一年生花卉，两个生命周期内完成生命史的为二年生花卉，具体包括一年生花卉、二年生花卉及常作一二年生栽培的多年生花卉三个类型。

春季播种，夏秋开花、结实的花卉，属于一年生花卉，又称春播花卉。如波斯菊、硫华菊、百日草。特点是喜高温，不耐寒，遇霜后死亡。

秋天播种，幼苗越冬，翌年春夏开花结实的花卉，属于二年生花卉，又称秋播花卉。如虞美人、二月兰等。特点是喜凉爽气候，能耐一定的低温，忌炎热，遇高温死亡。

另外还有一些花卉原产地为多年生，但常作一二年生栽培。比如矮牵牛、长春花、彩叶草等。

一、景区中的应用

一二年生花卉花海因其管理简单、应用广泛、成本低等特点被景区广泛应用，如波斯菊、向日葵、醉蝶花、二月兰、虞美人等花海，具有很高观赏价值，在景区园林中发挥重要作用（图 6–26、图 6–27）。

图 6–26 醉蝶花花海（左）和马鞭草花海（右）

图 6–27 百日草花海（左）和穗冠花花海（右）

一是与球根花卉相结合，填补球根花卉花后土地裸露的空白期。特别是波斯菊、硫华菊等花卉，生长迅速、栽培简易、成本较低，夏秋季开花，可持续到霜降，与郁金香等球根花卉时间相接，完美轮作，还能避免重茬（图 6–28、图 6–29）。

图 6–28 波斯菊花海（左）和金鸡菊花海（右）

图 6–29 鼠尾草花海（左）和向日葵花海（右）

二是打造春季花海，通常多选择种植二年生花卉。中原地区推荐种植虞美人、二月兰、矢车菊、油菜花、细叶美女樱、蜀葵等花卉，秋季播种，翌年春季开花（图 6–30、图 6–31）。

图 6–30　虞美人（左）和冰岛虞美人（右）

图 6–31　七彩油菜花海（左）和二月兰花海（右）

二、一二年生花卉花海营造与养护

（一）品种选择

根据花卉的生态习性、生长周期及花海功能定位的需求，选择适宜的花卉品种。若要与球根花卉轮作使用，建议选择生长周期短、管理粗放的波斯菊、硫华菊、百日草、向日葵等一年生花卉，一般生长周期为 60～90d，在 6～8 月直播即可，国庆节前开放；若要打造春季花海，一般选择虞美人、油菜花、二月兰等二年生花卉，此类花卉生长周期长，一般在 8～9 月播种，冬季来临前植株根系生长健壮有利于越冬，翌年开花效果较佳。

（二）整地

深耕整平，施足基肥，土壤消毒。

（三）种植

一二年生花卉可用种子繁殖，从播种到开花生长迅速，花期集中在春、秋两季。一年生花卉一般春末夏初露地播种，二年生花卉一般秋季播种。播种方式一般建议条播，行间距根据花卉盛花期单株冠幅确定，一般选择20～40cm，便于苗期管理，节约成本（图 6–32）。

图 6–32　种子播种

（四）栽培管理要点

1. 灌溉　种子播种后及时灌溉，种子发芽前保持土壤湿润。播种出土的幼苗，灌溉时要避免水冲击力过大，冲倒苗株或溅起泥浆污染叶片。灌溉的次数，由季节、天气、土质、花卉本身生长状况来决定。花卉枝叶生长盛期需较多的水分，开花期只需保持土壤湿润。

2. 间苗与定植　种子出苗后，幼苗往往密生、拥挤，待子叶展开后，视花苗的大小和生长速度开始间苗，去弱留壮，分布均匀。间苗应分 2～3 次进行，每次间苗量不易过大，最后一次再定苗。定植时，苗间的株行距视栽植地的土壤条件和花苗冠幅的大小或配植要求而定，以到达成龄花株的冠幅互相衔接又不挤压为准。

3. 施肥　整地时施入足量底肥，后期不再施肥。

4. 修剪　一二年生花卉常用的修剪措施是摘心。生长期摘心可使植株整齐，促进分枝，有延迟花期的作用。对于株形高大，上部枝叶花朵过重的花卉，需设立支柱绑扎，以抗倒伏。对于花期长的单株花卉，应注意花后及时摘除残花，同时加强水肥管理，以保证植株生长健壮，花开不断。

第四节　宿根花卉花海营造与养护

宿根花卉是指根系能够存活多年且地下部分不发生肥大的多年生草本花卉。宿根花卉属于低维护型花卉，作为多年开花植物，一次栽植可多年观赏利用，在抗寒性、抗旱性、抗瘠薄性、抗病虫害等方面都表现突出，适应环境能力强，可极大地丰富园林景观，增加园林植物的多样性，提高园林景观品质。

（一）品种选择

根据景区的定位与功能需求等选择合适的宿根花卉，既可以播种繁殖，也可以采购成品苗。中原地区景区多以萱草、芍药、松果菊、荷兰菊、高山紫菀、德国鸢尾、蜀葵、金鸡菊等抗性强、耐贫瘠及养护简单的花卉为主，根据不同花卉的习性和特点种植在合适的区域就能达到观赏效果，投入低、效率高（图 6–33、图 6–34）。

图 6–33　金光菊花海（左）和松果菊花海（右）

图 6–34　萱草花海（左）和芍药花海（右）

（二）整地

深耕整平，施足基肥，土壤消毒。种植喜酸性的宿根花卉如萱草、绣球花，可增施腐殖酸。

（三）种植

宿根花卉栽植可以采用播种或者栽植成品苗的方式。播种一般选择在春秋两季，种子提前催芽处理，提高发芽率。栽植成品苗，按照一定的株行距进行栽植，栽植后浇透水，做好日常养护管理。

（四）日常养护

1. 浇水 浇水主要看温度、土壤和植物整体状态。一般来说，宿根花卉浇水见干见湿，低洼地浇水要注意排水，避免水分过大导致植物烂根。

2. 施肥 施肥主要集中在开花前、花后和秋冬季节。宿根花卉施肥尽量遵循多施薄肥，少量多次的原则。在生长季多施肥料，有助于植物开花和生长；开花期间消耗的养分非常多，建议喷洒磷酸二氢钾叶面肥；对于喜酸性植物，可以追施硫酸亚铁，改善土壤酸碱性。

3. 修剪 摘心有利于开出更多的花朵，特别是花后修剪有利于二次开花。木本花卉要及时整形修剪。

4. 防治病虫害 做好常见病虫害如叶斑病、根腐病、粉虱、蚜虫等防治。此外，每年秋、冬季节要及时清理落叶，修剪病枝。

第七章　景区植物引种驯化

植物引种驯化是景区绿化的一项重要工作，对丰富景区植物资源、科学利用植物资源、保护濒危植物及实施科研项目等方面有积极意义。随着科学技术的进步，植物引种驯化工作正在变得日益丰富多彩起来。本章就植物引种驯化的概念、景区植物引种驯化的意义、景区植物引种驯化的途径、景区植物引种驯化成功的标准及景区植物引种驯化的栽培技术等方面进行阐述，并对景区植物引种驯化思路进行分析。

第一节　植物引种驯化概述

一、植物引种驯化的概念

植物引种驯化是指运用人为传播的方法,克服植物在传播上的距离障碍,扩大植物的栽培范围，增加新的外来植物。从过程上来讲，植物的引种驯化可以分为“引种”和“驯化”两个阶段，其中引种是植物物种驯化的前提和基础，驯化是引种的目的和结果，二者相继相连，缺一不可。

二、景区植物引种驯化的意义

加强植物引种驯化的研究与实践，既能有效促进林业的发展，也能不断改善景区的生态环境，对景区的各项生态建设有积极意义，主要表现在以下两个方面:

（一）增加景区植物资源种类，保护珍稀濒危植物

有些植物在当地景区没有分布，但十分需要，如能成功地开展引种驯化工作，可增加景区的植物资源种类。有些珍稀植物生长范围小，繁殖速度慢，存活概率小，景区对这类植物进行引种驯化，可以扩大其生长范围，优化其

生存环境，增加物种数量，使珍贵物种逐渐脱离濒临灭绝的境况（图 7–1）。

图 7–1 杜鹃（左）和东北红豆杉（右）

（二）以良种代替劣种，发挥植物新品种的优良特性

景区某些植物生长缓慢，适应能力较差，或因病虫为害严重及其他缺点，观赏效果和生态效益不佳，可以通过不断引进植物新品种，不断更新换代，以良种代替劣种，发挥植物新品种的优良特性，不断提升景区园林景观的品质。如引进耐热白桦可有效解决白桦怕热的问题（图 7–2）。

图 7–2 白桦（左）和耐热白桦（右）

三、景区植物引种驯化的途径

植物引种驯化是一个理论与实践相结合的学科，它的成功既要有正确的理论指导，又要有完善的技术措施。因此，景区在开展引种驯化工作的时候，要有目的、有计划地开展，并按照一定的途径和程序来进行。

（一）直接引种

遵循气候相似论，在相同的气候带内或两地气候条件相似的情况下，将植物从一个地区引入另一个地区，这就属于直接引种。如原产北美洲的北美枫香属于亚热带树种，在美国东南部有大量分布，由于我国大部分地区与北美枫香原产地的气候相似，在没有任何保护性措施的情况下，直接引种到中原地区后，普遍长势良好。从种子发芽到植株开花结果整个生活史均能正常进行，植株长势健壮，并且叶色丰富（图 7–3）。

图 7–3　北美枫香的直接引种

（二）间接引种

采用特殊的栽培措施来解决那些不能适应新地理环境条件的植物引种驯化问题，就属于间接引种。如在关键时刻对引种植物进行保护；改变植物生长节奏；改变植物的体态结构；选用遗传可塑性大的材料；采用嫁接技术；实生苗多代选择；将所引种植物的种子分阶段地逐步移到所要引种的地区，逐级进行驯化。如将嘉宝果、蒲葵、武伦柱、炮仗花、叶子花等热带植物引种到中原地区，冬季则需要通过温室越冬（图 7–4、图 7–5）。

图 7–4　蒲葵（左）和嘉宝果（右）的温室内间接引种

图 7–5 武伦柱（左）和炮仗花（右）的温室内间接引种

四、景区植物引种驯化成功的标准

随着植物引种驯化工作的开展，在不断研究与实践过程中，判断一种植物是否引种驯化成功，要根据不同的具体情况而定。

对于景区植物的引种驯化，与在原产地比较时，不需特殊的保护能够露地越冬或越夏而生长良好；没有降低原来的经济或观赏品质；能够用原来的繁殖方式（有性或营养）进行正常的繁殖，就是引种驯化成功。

对于这些用于生产栽培的引种植物，未达到开花、结果阶段的，就只能算作“引种栽培”成功，而不能看成“引种驯化”成功。

第二节 景区植物引种驯化栽培技术

景区植物引种驯化的栽培技术，是在植物引种驯化理论指导下，完成植物引种驯化任务的重要手段。没有栽培技术作保证，植物引种驯化工作就无法进行。景区植物引种驯化栽培技术是因地制宜采取的栽培措施，是在引进植物和环境条件之间加进去的人为因素，这种人为因素，是给予植物的一种生存条件，对引进植物的生长发育起着顺应、保护、改造和保证的作用。

一、顺应性的引种驯化栽培技术

顺应性的引种驯化栽培技术是植物引种驯化的基础，通过引进种子或无性系等，进行顺其习性应其需要的驯化栽培，以实现植物引种驯化的任务。

（一）引进种子，播种育苗，优选驯化栽培

1. 引进种子 植物由种子生长发育而来，同一树种的种子，育出的幼苗，

个体之间长势很不一致，各类性状表现出多种多样的差异，这种差异就是后代分离现象。那些生长旺盛的个体，生活力就强；生长衰弱的个体，生活力就弱。生活力强的个体便是选优驯化栽培的对象，反之则是被淘汰的对象。引进种子育苗，可以达到选优栽培的目的（图 7–6）。

大叶冬青 *Ilex latifolia* Thunb.

山茱萸 *Cornus ofcinalis* Sieb. et Zucc.

陕西卫矛 *Euonymus schensianus* Maxim.

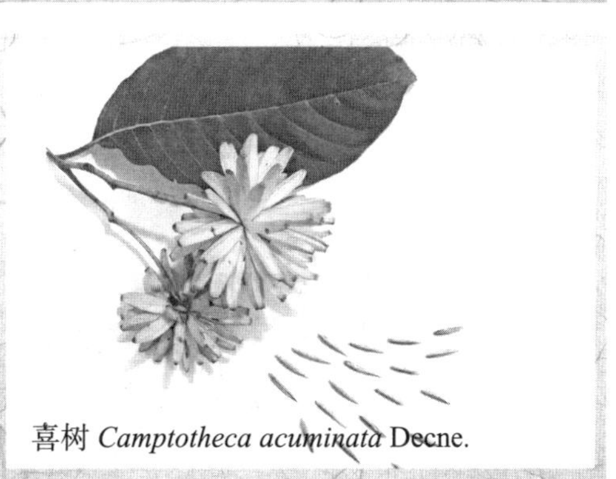
喜树 *Camptotheca acuminata* Decne.

图 7–6 形态各异的植物果实和种子

2. 播种育苗 实生苗虽然对新的环境条件有较大的适应能力，但幼苗娇嫩，容易受到为害，管理技术比较复杂，在引进种子育苗时，必须处理好实生苗可塑性大和娇嫩性大的矛盾，这就需要采用适宜的育苗技术和较多的个体数量。常用的引种育苗方法有大田播种育苗、冷室盆播育苗和温室池播育苗等。

3. 选优栽培驯化 从一二年生实生苗中选出的每一个优良单株，就是一个优良类型，因此，在选优的基础上，利用科学栽培技术作定向培育，可以稳定树木的优良性状，增强抗逆性，强化适应性，提高生长量，达到选优驯化的目标（图 7–7）。

图 7–7　穴盘播种选优驯化

（二）引进无性系，保证良种性状稳定

同一母树的无性繁殖后代，构成一个无性系。一个树种的个体很多，每一个个体可以衍生一个无性系，因此，一个树种的无性系也就很多。

1. 无性系的优越性　通过无性繁殖可以保持母本的优良性状，如龙爪槐、龙爪柳、钻天杨等由突变形成的优良性状，都是通过无性繁殖不断延续下来的（图 7–8）。

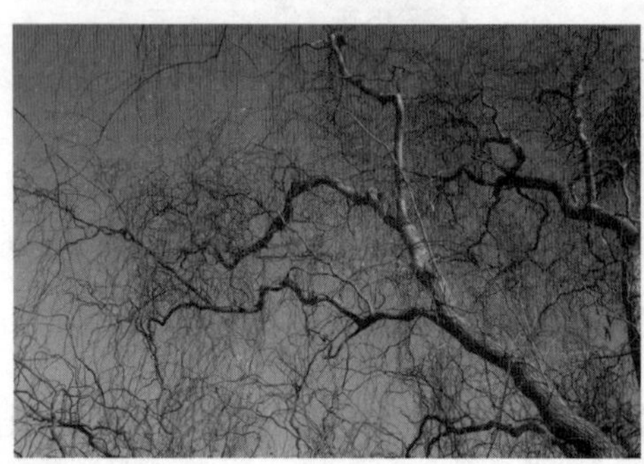

图 7–8　龙爪柳（左）和龙爪槐（右）

2. 无性系良种的适应性鉴定　引进的无性系良种是否适应新的环境条件，需要通过栽培驯化来证实；性状是否可以一直保持优良，也需要通过栽培驯化来考察。

3. 引进无性系的选优和繁殖　首先应该从引进的同一树种的不同无性系中选出适合于本地生长的优良无性系。选优的根据是生长快、抗逆性强、树形优美。优良的无性系，可以用扦插、压条、嫁接等方法繁殖（图 7–9）。

图 7-9　金叶雪松扦插优选繁育（左）和月季优良品种嫁接繁育（右）

（三）引进植物组织，进行体外培养

植物组织培养又称离体培养、体外培养等，指从植物体分离出符合需要的组织、细胞，原生质体等，通过无菌操作，在人工控制条件下进行培养以获得再生的完整植株或生产具有经济价值的其他产品的技术。组织培养具有无性繁殖的优越性，能保持植物的优良性状（图 7-10）。

图 7-10　植物组织培养设施

（四）选择种源，提高引种效果

无论引进种子或引进无性系，都有一个种源问题。种源是指同一植物中种子或无性繁殖材料不同的产地来源。种源选择是一项提高引种效果的技术措施。

1. 种源与引种 选择种源是引种成功的重要因素之一。一种植物，由于分布的地点不同，就形成不同的生态型，它们各自要求一定的生长发育环境，因而引种到新地区之后，生长节律就有不同的反映。

2. 种源选择的基本规律 种源受地理纬度的制约，纬度差距越大，同种植物生长发育规律的差异就越明显。种源所处的纬度越低，生长量越大；纬度越高，生长量越小。以马尾松为例，偏南的种源，散粉期早，球果成熟期迟，偏北的种源，散粉期迟，球果成熟期早，这是由于偏南的种源生长期长，偏北的种源生长期短造成的（图 7–11）。从引种的角度考虑，种源产地越接近引进地区的，引种后的效果越好。

图 7–11 马尾松

（五）调节日照，改变生长节律

由于地球上南北日照时间长短不同，树木也有长日照树种与短日照树种之分。起源于北方的树种要求长日照，起源于南方的树种要求短日照。南树北移时，树木由短日照和气温高的条件下向长日照和气温低的条件下转移，会出现发育迟，生长发育期延长的问题。北树南移时，则出现发育早、生长发育期缩短的问题。树木从高山向平原引种时，也有类似情况。因此，控制日照，对树木引种有实践意义。如利用人工遮阴或灯光照射的方法调节日照，使之逐渐适应新的环境条件。

（六）改变播种期，适应新环境

大部分植物的种子，成熟后得到适宜的条件就可以发芽。但有一些植物的种子成熟后，即使得到适宜的条件也不能发芽，这是因为种子还处于休眠状态。要改变植物的播种期，必须首先解除或抑制植物种子的休眠状态。解除植物种子休眠状态的方法叫催芽。对种皮厚而硬的种子，可以置于特制的机器中将种皮磨薄，大粒种子也可用锉刀将种皮锉薄，种皮受伤后易于吸水，就为提前萌发创造了条件。另一些植物的种子则需要经过后熟作用，才能萌发，如银杏、白蜡、冬青等树种。

二、保护性的引种驯化栽培技术

保护性的引种驯化栽培技术又称小气候驯化法，主要是选择适宜的栽培小地形和改造栽培小环境，为引进的植物创造一个基本的生存条件，使引进的植物能够成活，并正常地生长发育，直到开花结实。在植物引种驯化工作中，引种初期尤其需要保护性的引种驯化栽培技术。

（一）合理选地

合理选地的原则是因树制宜，适地适树。因此，在景区实际引种驯化实践中，也要充分利用植物的生态习性，合理选地。如北美乔松耐旱、性喜阳光充足的环境，耐寒性强，耐干旱能力较好，因此在引种栽植时需要选择地势高不易积水的环境。而池杉耐湿性强，喜湿润的酸性土壤，长期浸在水中也能正常生长，因此引种栽植时则需要选择水分充足的环境（图 7–12）。

图 7–12 景区模拟北美乔松（左）和池杉（右）原生环境

（二）防风、防寒、防旱、防高温

植物的生态环境中有阳光、温度、水分、空气和土壤等方面的因子。每一个因子有它本身变化的规律。因为地区及时间的不同，它们在数量、质量和作用的持续时间等方面都有变化。这些变化的综合作用，影响到植物的生长发育、形态结构和生理功能的变化，形成环境对植物的生态作用。这种生态作用，有的是有益的，有的是有害的，防护性技术措施，就是防止发生有害的生态作用。植物引种驯化工作中，常见的有害性生态作用有风害、寒害、旱害和热害等四个方面。

1. 风害的预防 风害主要是指干旱风对植物生长发育造成的不良影响。我国中原地区常见的干旱风有两种类型，一种是干热风，另一种是干冷风。干热风常发生在春末夏初，其特点是高温低湿，高温可以引起热害，低湿可以引起旱害，使引进的植物蒸腾量加大，轻则影响植物生长，重则引起植物死亡。干冷风多见于初春时节，其特点是低温低湿。在中原地区，初春需预防干冷风为害。在南树北移时，最怕干冷风的袭击。北树南移时，受干冷风影响较小，这是因为原产于高纬度地区的树木根系吸水受低温的影响较小的缘故。预防干旱风的有效方法是在干旱风天气打好支撑并及时灌溉（图7–13）。

图 7–13 景区树木防风害设施

2. 寒害的预防 植物的耐寒性是在个体发育和系统发育中获得的一种生理适应性，防寒的措施，首先是提高植物的抗寒能力。南树北移时，秋季适量使用钾肥，对树木安全越冬是有益的。另外，在提高树木抗寒力时，也不能忽视抗寒性的锻炼。在提高植物抗寒力的同时，还要采取一定的防冻措施，如改良土壤、合理灌溉、营造防护林、施用土面增温剂、设立风障、盖草或包防寒布等（图 7–14）。

图 7–14　包防寒布

3. 旱害的预防　旱害是南树北移时普遍出现的灾害，土壤干旱，水分供不应求，或大气干旱，蒸腾量大，树木都会发生干旱现象。防止干旱的方法如下（图 7–15）：

（1）增加土壤水分。根据不同树种的生育规律，适时适量灌溉。在景区园林中，常见的方式有滴灌、沟灌及喷灌等。

（2）增加土壤保水能力。在引种树木之前，深翻土地，适量施用有机肥，改善土壤结构，提高土壤肥力，促进土壤熟化。

图 7–15　景区防旱设施

4. 热害的预防　高温是产生热害的根本原因，因为高温会破坏植物的水分平衡，使植物大量失水，有害的代谢产物大量积累，使植物中毒，酶的活动能力遭到破坏。如高温会使树皮灼伤，因此容易发生日灼，如杂交鹅掌楸树干朝南的一侧，经常受到不同程度的日灼，经常会出现树皮开裂现象，尤其是阳坡和树干向阳面为害较重，因此，要做到适地适树或与其他阔叶树种混交，加强抚育、排水等措施，避免发病。

预防高温为害的方法如下：

（1）树干涂白。反射部分光线，减少树皮的吸热量（图 7–16）。

（2）适当遮阴。此措施适用于幼苗期，如毛竹、落叶松和鹅掌楸等树种的种子育苗，播种当年都需要遮阴，以防止高温和日灼之害。

（3）降低土温。在新造幼林内，采取地面盖草或兼种绿肥的措施，可以达到降低土温的目的。如架设遮阴棚，可以起到降低土温的作用。

图 7–16 树木涂白防热害

三、改造性的引种驯化栽培技术

改造性的引种驯化栽培技术是改变植物的习性，使之适应新环境条件的技术措施，其特点是技术比较复杂。常用的改造性引种驯化栽培技术有以下几种：

（一）处理种苗，增强抗性

种子和幼苗的遗传可塑性大，容易接受外界环境的影响，利用它们的这种特性，经过必要的处理，可以提高种苗抵抗不良环境的能力。常用的处理方法有以下三种：

1. 抗寒锻炼　给植物的种子、幼苗以适当的低温锻炼，可以提高其抗寒能力。低温锻炼的方法是将刚萌发的种子放在 0 ~ 6℃的条件下，经过 15d 左右，再将萌发的种子置于 –5 ~ –3℃的条件下进行锻炼，再经过 6d 左右，就可以获得一定的耐寒力。处理刚萌发的种子时不需要光照，处理幼苗时，则需要同时给以一定时间的光照。幼苗在 0 ~ 6℃的条件下需要 15d 左右，待转入 –5 ~ –3℃的条件下，只需要一两个昼夜就可以达到抗寒锻炼的目的。

2. 抗旱锻炼　为了提高引进树木的耐旱性，在播种之前，可对种子进行抗旱锻炼。抗旱锻炼是把经过浸种而饱胀的种子，放在 20 ~ 23℃的条件下，让种子少许萌动，接着风干至原来的重量，再浸种，使种子第二次吸胀，待其少许萌动时，再风干；如此重复处理 2 ~ 3 次，可以提高种子的抗旱性。

3. 化学处理　化学处理能提高种子和树苗的多种抗性。施用植物激素，如矮壮素、吲哚乙酸及适量氮磷钾肥和多种微量元素，可以提高树苗的抗寒性。在栽培实践中，逐渐增加土壤盐分，也可以提高植物的耐盐性。

（二）逐渐引种，循序渐进

引进地和原产地自然条件差异很大，用实生引种的方法，难以达到引种的目的，这时就需要采用逐渐引种、循序渐进的方法。这一方法的特点，一是逐代迁移驯化，二是保护、改造和选择相结合，使树木逐渐获得适于在引进地生长发育的适应性，最终达到引种驯化的目标。

（三）嫁接蒙导，驯化幼苗

嫁接蒙导技术是嫁接技术在引种驯化实践中的应用，接穗为被蒙导者，砧木为蒙导者。树木引种工作中，常利用嫁接蒙导来扩大树木引种的可能性。南树北移时，用当地高度耐寒的树种或类型作蒙导者，以提高被蒙导者的抗寒性，如玉兰耐寒、耐旱，就可以作为引入原产南方的拟单性木兰的蒙导者（图 7–17）。北树南移时，用当地喜温喜湿的树种或类型作蒙导者，可以提高被蒙导者的抗高温、抗水湿的能力。然而，在这里需要指出的是，蒙导者对被蒙导者的影响有好、坏两个方面。

图 7–17　拟单性木兰的嫁接蒙导

四、保证性的引种驯化栽培技术

植物在光、热、水、肥条件同时具备的情况下才能正常生长发育。但各种植物，甚至同一植物不同的品种，对这四种生活条件的需求量并不一致。因此，根据实际调节植物生活条件，需要由保证性的引种驯化栽培技术来完成。

（一）细致整地，施足基肥

细致整地，深翻土壤，提高土壤的透气性和透水性，有助于土壤养分的积累。如果同时施入适量的有机肥，还有利于增加土壤中水稳性的团粒结构，从而提高土壤的肥力。引进种子或无性系时也要因地制宜，因树作床，要根据引进地的自然条件与引进树木的生物学特性，宜高床的作高床，宜低床的作低床。

（二）适时中耕，合理灌溉

土壤管理是植物引种的重要技术措施之一。土壤管理的主要内容有适时松土除草、合理灌溉等。松土除草是为了改善土壤状况，提高土壤保墒和透气性能，避免杂草与树苗争夺水肥，促进幼苗生长。灌溉是为了抗旱和调节地温。夏灌可以抗旱降温，冬灌可以抗旱增温。

（三）因树追肥，适时适量

追肥对树苗生长有重要的作用，在树木引种时，根据不同的季节变化和树木的生长节律，适时适量追肥，同时适当补充大量元素和微量元素。施肥时，要注意合理调配肥料，使各种肥料元素能互相促进，以提高肥效。

（四）加强保护，防治病虫

栽是基础，管是关键。管护对植物引种成败有极大的关系，管护得好，引种可能成功；管护不好，引种必然失败。病虫害的防治要把好三关，即土壤关、种苗关和防治关。把好土壤关的任务是做好土壤灭菌和灭虫工作，抑制病菌活动和杀死病菌与害虫。把好种苗关，首先是不引进带病虫害的种子或幼苗，其次是做好种苗灭菌和灭虫处理。把好防治关就是发现病虫害，适时防治，对症下药，正确地使用杀虫剂、杀螨剂、杀菌剂、杀线虫剂、杀鼠剂，研究病虫害发生发展规律，提高防治效果。

第三节　景区植物引种驯化思路分析

林木种质资源是遗传多样性的载体，是生物多样性、生态系统多样性和林木遗传育种的基础，而景区的引种驯化对丰富林木种质资源具有积极的推进作用。因此，引种驯化工作是景区至关重要的部分。

一、国家保护植物引种驯化，实现可持续发展与利用

国家保护植物大多数观赏性高，在景区园林造景中深受欢迎。目前我国对野生植物资源仍多以直接利用为主，大多对其过度采挖，有些已经趋于濒危（图 7–18 ~ 图 7–20）。经引种驯化，对珍稀濒危植物进行抢救性繁殖，可改善树种的濒危境况，维护生态平衡，保护植物种质资源，促进社会经济发展。珍稀濒危植物的景区引种驯化应注意：①加强对珍稀濒危植物资源的调查工作。②先将已有引种驯化经验的种类应用于园林绿化，如银杏、金钱松等，再考虑其他种类珍稀濒危植物的应用推广。③大力宣传珍稀濒危植物的观赏特性及在园林中应用的可能性和积极意义。④加强学科、地区和部门之间的相互协作，动态监测保护珍稀濒危植物。

图 7–18　国家一级保护植物——水杉

图 7-19 国家二级保护植物——秤锤树

图 7-20 河南省重点保护植物——青檀

二、根据景区实际需要，建设特色植物专类园

植物专类园以其独特的园林景观和作用在景区中具有重要地位，尤其是在近代景区中应用非常广泛，经常出现于街头绿地、植物园、公园及旅游胜地等景区之中，起到了景观点缀、揭示主题的作用。通常所说的植物专类园是指有特定主题内容，以具有相同或相似特质类型的植物为主要构景元素的植物主题园。如竹子园、月季园、牡丹园、梅园、竹园、姓氏植物园及苏铁园等。

（一）竹子专类园

竹类是景区建设的重要植物材料之一，其形成的景观效果在园林景观中不可替代。近年来，关于竹子专类园的研究主要针对其文化价值、观赏价值、旅游价值角度出发，结合景区整体规划进行诸多方面的提升改造，如竹子文化、价值体现、道路系统、标识系统等。建成之后，既能成为景区景点，又能作为竹类的种质资源圃，在整个中原地区乃至全国竹类的普及和科学研究方面都将发挥重要作用（图 7-21、图 7-22）。

图 7-21　锦竹（左）和菲白竹（右）

图 7-22　无毛翠竹（左）和辣韭矢竹（右）

（二）姓氏植物专类园

中国文化历史悠久，灿烂辉煌，姓氏包含了家族血缘、精神纽带和文化传承等特殊社会现象，见证了中国漫长的历史发展。与植物有关的姓氏，大多来源于古人的植物崇拜。在中国人的姓氏里，以植物或植物的一部分为姓的比较多，我们经常可以看到的有李、杨、桑、柳、林、梅、叶、兰等。由于姓氏与部分植物有着密切的联系，景区可以把植物与姓氏相结合，通过雕塑、文字展示与植物引种驯化等形式，建设“姓氏植物”为主题的专类园，不但展示了中国传统文化的深刻内涵，还可以为景区的引种驯化提供更为新颖的建设思路（图 7-23）。

图 7-23　姓氏植物园景观

图 7–23　姓氏植物园景观（续）

（三）苏铁专类园

苏铁属是一个古老的植物类群，被称为“植物界的活化石”，是珍稀濒危物种，具有重要的科学研究和园林观赏价值。苏铁属从开始的引种驯化、迁地保育到科普研究，现在越来越多地开始运用于景区景观造园中。由于苏铁不耐寒，中原地区的苏铁专类园需要越冬保护，一般建设在温室内，可依据温室内地形进行设计，以各种苏铁类植物为骨干树种，根据各形态特征，通过高低错落、疏密有致的搭配，再辅以其他特色植物、硬质景观，通过道路串联，形成了景区精品景点（图 7–24）。

图 7–24　苏铁园

三、科学实施科研项目，打造优良林木种质资源库

林木种质资源是林业科技原始创新与现代种业发展的物质基础，是国家重要的资产和战略资源，受到了世界各国的高度重视。中原大部分地区地处暖温带，南部跨亚热带，过渡性的气候特点和复杂多样的地形地貌，孕育了丰富多样的林木种质资源。通过对国内外植物的引种驯化栽培，可选育出观赏性强、抗病、抗寒、抗旱等适应中原地区的优良性状观赏种类，对保护濒危植物、改善周边环境、促进全国生态文明建设有积极意义。如“丁香属种质资源收集圃”“夏蜡梅属种质资源收集圃”等（图 7–25）。

图 7–25 夏蜡梅属种质资源收集圃

四、科学引种驯化，建设特色植物文化景观群

“植物文化”是生长在年轮里的中国文化，是中国优秀传统文化的重要组成部分。景区可通过挖掘植物中所蕴含的民族文化精神，借时令、民风习

俗、传说典故、比拟象征、比德审美等类型，构建多维、立体的认知解读体系，建设特色的植物文化景观，充分诠释植物与环境、社会、人类和历史发展息息相关的民族文化等，在普及植物科普知识的同时，传承文明、见证历史。如嫘祖始蚕、杏坛设教、椿萱并茂、霸王别姬、如胶似漆等（图 7–26）。

图 7–26 植物文化景观

五、园林苗木新品种引种驯化，加强景区生态景观建设

景区可充分利用地区丰富的地域植物资源，以科学的态度，适地适树地配置优美的景观树种及花、灌、草，形成多种色彩相互映衬，符合区域植物自然分布规律的生态景观型绿地空间。

一是复层种植。乔木、灌木、草本相结合的复层种植模式，形成层次丰富、生态科学的植物群落。

二是多树种多品种。各区域生物多样性丰富，各区域树种品种丰富，品种繁多，树形各异。选用乡土树种，合理搭配景观树种，以最优的设计展现最美的景观。

三是注重常绿植物、色叶植物的配比。合理配置植物，延长观赏时间，保证四季观景。

四是应用球形花灌造景。利用大小不一、色彩多样的球形花灌造景，提高园区景观效果。

五是利用微地形。微地形突出了景区的自然特性，让人有回归自然的感觉。

六是丰富绿化景观空间。以生态建设为目的，营造丰富的生态景观空间，提升景区生态水平（图 7–27）。

图 7–27　生态景观

六、坚持适地适树原则，注重引入乡土植物

适地适树原则是景区园林绿化开发中必须坚持的基本原则，野生植物在本地自然环境下自然成长，已经适应了当地的气候、地理环境、水质土质情况，对于当地的自然环境有着高度的适应性。乡土园林植物是植物与环境相适应的典范，不仅能体现鲜明的地方特色，还具有适应性强、成活率高、管理方便、工程成本低廉等诸多优点（图 7–28）。

图 7–28　河南乡土植物——兰考泡桐（左）和构树（右）

七、保护野生植物资源，促进野生植物的景观应用

野生植物资源是可再生植物资源，但也要坚持保护优先原则的前提下，根据其生长的自然生态规律，开发应用野生植物资源，不断选取优质、观赏价值高的野生植物作为种源，进行相应的科学研究和培养，让野生植物迁移到景区环境中，充分体现其独特的观赏价值，满足日益扩大城市景区园林绿化的需求（图 7–29）。

图 7–29 毛鸡爪槭（左）和褐毛石楠（右）引种应用

八、科学引种驯化，防止植物入侵种为害

若植物引种驯化不当，会从国外或其他地区引入入侵生物，对引入地景区生态造成严重为害（图 7–30）。因此，应采取相应措施防止此类为害的发生：①运用网络技术，建立有害入侵物种的数据库和信息系统。②建立健全行业法规，加强防治外来入侵生物的园林建设能力。③强化生态安全意识，实行引进物种的环境影响评价与风险评估制度。④加大科研投入，根据原产地景区园林建设经验，研发防治技术。⑤加强宣传力度，全民参与联防工作。

图 7–30 外来入侵植物——小蓬草（左）和加拿大一枝黄花（右）

第八章　古树名木保护管理

根据《全国古树名木普查建档技术规定》：古树是指树龄在 100 年以上的树木，保护级别按照树龄不同分为 500 年以上为国家一级保护古树，300 ~ 499 年为国家二级保护古树，100 ~ 299 年为国家三级保护古树；名木是指稀有、珍贵的树木以及具有重要历史价值、纪念意义的树木，保护级别不受树龄限制，实行国家一级保护。古树与名木多数可体现在同一棵树上，但也存在名木不古或古树未名的情况。

第一节　古树名木保护的意义

古树名木是绿化及美化的重要旅游资源，是一种不可再生的绿色文物、活的化石及自然和文化遗产等，具有极高的科学、历史、人文景观等价值，对其实施有效的保护具有重要的现实意义。

（一）古树名木是历史的见证

古树记载着一个国家、一个民族的文化发展历史，是国家、民族、地区文明程度的标志，是活的文物。

（二）古树名木为文化艺术增添光彩

不少古树名木曾使历代文人、学士为之倾倒，吟咏抒怀，其在文化史上有着独特的作用。

（三）古树名木具有很高的旅游价值

古树名木苍劲古雅、姿态奇特，在园林中可构成独特的景观，常成为名胜古迹的佳景之一，使万千中外游客流连忘返。

（四）古树名木是研究古自然史的重要资料

在地史变迁、古气候、古地理、古植物区系等方面有重要的研究意义，在群落结构、植物系统演化中也具有较高的学术价值。

（五）古树是研究树木生理特性的重要素材

由于树木生长周期长，无法有效使用跟踪的方法对其生长、发育、衰老、死亡的规律进行系统性研究。然而，不同树龄古树的同时存在，可以使树木生长、发育等由时间顺序转变为空间上的排列呈现，有利于科学研究工作。

（六）古树对于树种规划有重要的参考价值

保存至今的古树是久经沧桑的活文物，对当地气候条件、土壤条件等有极高的适应性，多数为乡土树种，可作为树种规划的重要参考依据。

第二节　古树名木的日常养护管理

古树有百年、千年的树龄，不同于一般的树木和花草。应针对古树名木自然环境的变化和生长衰老等特点，进行科学的养护管理。

（一）加强水肥管理

古树因为树龄过大，对营养水分的吸收过于缓慢，因此，科学的水肥管理可促进古树名木根系新生和树体复壮。根据不同古树名木对水分的需求进行合理浇水，当土壤干旱时，应及时补水；在地势低洼或地下水位过高处积水时，应及时排水。根据树木的需要，结合浇水合理施肥，施肥时期应扣紧树木的物候期，依肥料的种类具体确定，并掌握“薄肥勤施”的原则。

（二）修剪保护

古树的再生能力有限，一般不进行修剪，在确定需要的情况下也要慎重修剪，对于枯残、病弱枝用回缩法合理修剪；及时疏花疏果减少营养消耗，促进枝叶更新，形成茂盛的树冠。

（三）灾害防治

古树名木易遭受病虫为害，应做到“早发现、早预防、早治疗”。需特别注意雷击伤害，可设置避雷针进行预防，当植物遭受雷击后，应及时刮平伤口，涂上保护剂，并堵好树洞。

（四）加固树体

古树由于年代久远，主干和主枝会出现中空或干枯死亡的现象，从而造成树冠失衡引起树体倾斜；再加上树体老化衰弱，枝条容易下垂。因此，需利用支架支撑加固树体。

（五）设置围栏

对古树名木起到保护作用，同时兼具防涝作用。围栏与树干距离一般不小于 3m，也可将围栏设置在树冠垂直投影范围之外。特殊立地条件以人摸不到树干为最低要求，围栏的地面高度通常在 1.2m 以上。

（六）设立标示牌

标示牌应标明树种、树龄、等级、编号，明确养护管理责任单位。同时，可设立宣传牌，介绍古树名木的来源、意义与现状，发动广大群众自觉保护古树名木。

（七）做好记录工作

景区工作人员定时观察古树名木的生长状况，记录观察结果，了解古树名木的生长情况，出现问题的次数及异常问题等，然后采取具有针对性的处理措施，并将其形成档案，便于查阅与管理（表 8–1、表 8–2）。

表 8-1　古树名木养护管理记录表

填表单位：　　　　　　　填表人：　　　　　　　养护管理年度：

<table>
<tr><td>古树名木编号</td><td colspan="2"></td><td>树种</td><td colspan="2"></td></tr>
<tr><td>古树级别</td><td></td><td>树高</td><td>米</td><td>胸径（主蔓径）</td><td>厘米</td></tr>
<tr><td>生长地点</td><td colspan="5"></td></tr>
<tr><td>春季养护
管理措施</td><td colspan="5"></td></tr>
<tr><td>夏季养护
管理措施</td><td colspan="5"></td></tr>
<tr><td>秋季养护
管理措施</td><td colspan="5"></td></tr>
<tr><td>冬季养护
管理措施</td><td colspan="5"></td></tr>
<tr><td>备　　注</td><td colspan="5"></td></tr>
</table>

表 8-2　古树名木巡查记录表

填表单位：　　　　　　　　　　　　　　　　填表人：

古树名木编号			树种		
古树级别		树高	米	胸径（主蔓径）	厘米
生长地点				管护责任单位（人）	
生 长 势	①正常　②衰弱　③濒危　④死亡				
树体状况描述					
保护范围内立地环境描述					
地上保护措施					
地下复壮措施描述					
异常情况描述（附照片）	①枝、干外伤　②枝、干空洞　③枝、干劈裂、折断 ④树体倾斜、倒伏　⑤地下伤根　⑥根系土壤践踏板结 ⑦危险性害虫　⑧其他（说明）				
应对措施					
落实情况记录					
备　　注					

第三节 古树名木的复壮

古树名木是有一定生命期限的，由于受到人为或自然灾害、病虫害等环境因素影响，会加快古树名木衰败死亡。采用相应的复壮措施，改善其生长环境条件，使衰弱的树体恢复正常生长，增强树势，延缓其生命的衰老进程，从而达到树体复壮目的。

一、古树名木衰败原因分析

（一）自身因素

古树名木树龄较大，树木生理机能下降，再加上树形较高大，其抗病虫害能力低，抗风雨侵蚀力弱。

（二）外部因素

古树名木生长初期立地条件均较为优越，土壤深厚疏松，排水良好，气候条件适宜等。但随着时间的变迁，生长环境发生变化，可能引起许多不确定因素导致树木生长衰弱甚至死亡。具体因素有：

1. 土壤板结，通气不良 古树名木生长地由于人车压踏等，造成土壤密实度过高、通透性差，从而限制根系生长，甚至引起根系死亡等。

2. 水土流失，根系外露 易造成土壤肥力降低，使表层根系受到高温干旱或人为擦伤等伤害，抑制树木正常生长。

3. 病虫为害 树木衰老时极易受病虫的为害，并加速衰老。

4. 人为伤害 人们保护意识差，对树体做出不合理行为造成的伤害。

5. 自然灾害 主要有雷击雹打、雨涝风折等，均会造成不同程度的为害与影响。

二、古树名木复壮措施与技术

（一）树穴处理

清理树穴内杂物，若树下硬铺装面积过大，需拆除吸收根分布区内的铺装，扩大树盘面积；平整树盘地形，在熟土上加沙垫层，铺植草砖、树皮、卵石等材料，改善根际土壤的透水情况，减少根系土壤受人为踩踏的影响。

（二）根部土壤处理

因土壤养分不足导致植物生长势弱，采用换土或培土的方法进行植物复壮。

1. 换土

（1）在树冠投影范围内，对根部的土壤进行挖掘，不要损伤根系，外露的根要及时覆盖保护。

（2）将挖出的旧土与沙土、腐叶土、锯末、粪肥、少量化肥混合均匀后回填。

（3）换土要分次进行，每次换土面积不超过整个改良面积的 1/4，两次换土的间隔时间为一个生长季。

2. 培土　在水土流失的地方用种植土填埋树木根系，范围以树根全部埋在土中为准，一般不少于树冠投影面积，厚度在 40cm 以上。

（三）施用生物制剂

科学使用活力素、生根粉等生长调节物质，促进枝叶和根系的生长，增强树势，延缓衰老，有助于古树的复壮。施用方法有叶面喷施和根部浇灌（具体方法详见第一章）。

（四）“架桥”

对部分特别珍贵且生长衰退的古树名木可采用“架桥”的方式复壮树体，方法如下：

（1）在需桥接的古树周围均匀种植 2～3 株同种幼树。

（2）待幼树生长旺盛后，将幼树枝条桥接在古树树干上，即将古树树干一定高度处皮部切开，将幼树枝削成楔形插入古树皮部，用包膜缠紧。

（3）愈合后，由于幼树根系的吸收作用强，在一定程度上改善了古树体内的水分和养分状况，对恢复古树的长势有较好的效果。

（五）补洞、治伤

树洞处理的主要目的是给树洞重建一个保护性表面，阻止树木的进一步腐朽，消除各种有害生物如各类病菌、蛀虫、白蚁等的繁殖场所，并通过树洞内部的支撑，增强树体的机械强度，改善树木外貌，提高观赏价值。

（六）地面打孔或挖穴

将古树名木吸收根主要分布区内的硬铺装拆除，然后在原土面上均匀布点 3 ~ 6 个，钻孔或挖土穴。

（七）挖复壮沟

在树冠垂直投影外侧（边缘）位置挖复壮沟，长度和形状因具体环境而定，多为弧状或放射状。单株古树可挖 4 ~ 6 条复壮沟，群株古树可在古树之间设置 2 ~ 3 条复壮沟。复壮基质常采用壳斗科树木的自然落叶，再掺入适量含氮、磷、钾等元素的肥料。

复壮沟的一端或中间常设渗水井，主要作用是透水存水，改善根系生长条件。雨季如果渗水井不能及时将多余的水渗走，可用泵将水抽出。

（八）埋设通气管

在树冠垂直投影外侧（边缘）设置通气管，可有效改善根系土壤通气状况，也可用于浇水、施肥及病虫害防治等。一般 1 株古树设 3 ~ 5 个通气管。通气管可单独埋设，也可埋设在复壮沟的两端。

第九章　景区园林自然灾害防治

在中原地区，植物生长过程中会遭受冻害、霜害、干旱、雪灾、洪灾等气象灾害，以及加拿大一枝黄花、美国白蛾等生物灾害的威胁。掌握灾害的发生规律及为害程度，景区在管理过程可采取积极有效的预防和补救措施，促进树木正常生长。

第一节　园林植物自然灾害预防原则及措施

做好园林植物自然灾害预防,是保障园林树木健康生长的必要工作之一。本章依据丰富的园林绿化养护实践经验，总结归纳出景区园林植物自然灾害预防原则及措施。

一、园林植物自然灾害预防原则

（一）预防为主，防救结合

制定完善防灾减灾应急方案，加强调查、监测、预警预报、宣传培训等日常工作，使自然灾害防与救统一协调，最大限度地降低自然灾害造成的损失。

（二）统一领导，分级管理

成立景区突发性自然灾害应急处理工作领导小组，做好人员、技术、物资和设备的应急储备工作。按照应急预案要求定期开展应急演练，做好应对突发性自然灾害准备工作。

（三）快速反应，紧急处置

发生自然灾害时，要迅速做出反应，相应人员按照应急预案快速到达指定岗位与位置，采取有效措施，减少灾害造成的损失。

二、园林植物自然灾害预防措施

（一）园林植物气象灾害预防措施

（1）了解当地气候特征、气象规律，关注天气预报，及时掌握气象灾害动态监测情况，做好随时应对气象灾害预警工作。

（2）熟知各类气象灾害发生规律与特征，做到“早发现、早预防”。

（3）按照适地适树原则，合理规划设计，栽植优良品种。

（4）加强养护管理，增强植物自身抗性。

（二）园林植物生物灾害预防措施

（1）掌握常见生物灾害的特点和发生规律，严格遵守引种规定，加强植物检疫，从根源上预防生物灾害的发生。

（2）采取人为措施，及时防治，减轻为害。

（3）科学养护管理，增强植物的抗灾能力。

（4）做好入侵物种防治工作，减少灾害的发生。

第二节　景区常见气象灾害的预防与灾后措施

一、低温灾害

（一）冻害

冻害，常发生在秋冬或初春时节，由于低温引起耐寒性差植物的组织细胞水分结冰，从而导致生理干旱，使植物受到损伤或死亡。

1. 冻害的预防措施

（1）浇封冻水。晚秋树木进入休眠期到土地封冻前，浇足一次封冻水，冬季封冻后促使树根周围可以形成冻层来维持根部恒温，不受外界气温骤变的影响。

（2）根部培土。浇完封冻水后，结合围堰在树根部培土堰，防止树根冻伤，减少土壤水分蒸发。

（3）裹干。在冻害来临前，可用草绳、保温棉等材料，包裹名贵植物、新栽树木及不耐寒树种等基部主干和部分主枝进行防寒。

2. 冻后养护措施

（1）在树体管理上，及时剪除明显受冻枝条，不确定受冻部位的可在发芽后修剪，修剪后及时在伤口处涂抹愈合剂。

（2）加强水肥管理，春季及时施肥，保证水肥供应，给树体补充养分，促使其尽快恢复生长。

（二）霜害

霜害，是指因突然降温造成植物枝条幼嫩部分受冻，阔叶树的嫩枝和叶片出现萎缩、变黑死亡，针叶树叶片变红和脱落的现象。在中原地区较常见，分早霜和晚霜，早霜又称秋霜，晚霜又称倒春寒。

1. 霜害的预防措施

（1）加强栽培管理措施，提高植物抗性。

（2）根据气象部门预报，掌握好预防时机，采取相应措施改善植物小气候环境。具体方法如下：

①遮盖法。用塑料膜或保温棉等材料对树体进行遮盖，具有一定承受力的植物可直接遮盖，承受力相对较弱的植物需要借用支撑物辅助遮盖。遮盖法是目前阶段防止园林植物出现霜害简易有效的措施之一。

②搭棚遮盖法。用竹、木或钢管等支撑材料制作棚架，后用塑料膜或加密遮光网等作为遮盖物进行遮盖。棚架大小视树体而定，既要紧凑又要尽量使枝梢舒展不受压，同时还要注意其稳固性。

③包缠法。在霜冻发生时节，用草绳、塑料膜或保温棉等材料对植物干茎包缠，防止受冻进而危及整个植株。

2. 霜害后养护措施

（1）及时剪除受到霜害的枯死枝梢。

（2）若有全株死亡，应根据需要予以补植。

（3）加强土肥水管理，尽快恢复植株长势。

二、高温灾害

高温易引发干旱，植物因水分缺失、蒸发量大等发生萎蔫、叶片焦枯等。具体应对措施如下：

1. 遮阴处理 对不耐高温干旱的植物进行遮阳网覆盖，并适量喷水，减少蒸腾及高温带来的伤害。

2. 适量增加浇水次数 高温时植物蒸腾作用强烈，适度增加浇水频次，保证充足水分供植物生长。浇水务必浇透，防止出现上湿下干现象。

3. 修剪 对植株进行必要的修剪，清除病虫枝、枯枝败叶等，有利于通风降温。

4. 合理调控 适量喷施抗蒸腾抑制剂，有助于提高细胞活力，提升抗旱能力，降低蒸腾作用，防止水分流失。

5. 中耕松土 旱地进行中耕松土，切断土壤表层毛细管，减少土壤水分蒸发。

6. 合理使用保水剂 在栽植时或中耕松土时，施入保水剂，有助于保持土壤水分，缓解干旱。

三、其他气象灾害

（一）大雪

1. 暴雪的为害 压断树枝或压倒树木，影响植物生长，树势衰弱，严重时导致植株死亡。

2. 暴雪的预防与灾后措施

（1）预防。

①及时做好植物的培土工作，增加抗灾能力。

②支撑下垂或平展树枝，防止积雪引起枝干断裂。

③结合整形修剪，剪去病弱枝、徒长枝，防止积雪导致骨干枝下垂造成树体损伤。

④对于枝繁叶茂的幼树，因树体相对纤弱，可用竹竿固定主干，增强支撑能力。

（2）灾后措施。

①清理积雪。雪后及时清理被积雪压弯的树枝、树干等，防止树体折伤。

②扶正树体。及时扶正被积雪压倒的树木，并培土加固、支撑。

③截枝。及时处理断裂及受冻枝干，对折断及受冻严重的枝干，应及早锯断，削平伤口，涂伤口愈合保护剂，以防腐烂。

（二）洪灾

1. 洪灾的为害 植物地上部分被水淹后，有氧呼吸受阻，根系长时间处于呼吸困难状态，导致植物中毒窒息而死亡。

2. 洪灾的预防与灾后措施

（1）预防。

①地势低洼的地方，选择耐涝的品种。

②填土或开好排水沟，利于排水降低水位。

③备好排水设备和疏通排水管道的工具，如排水透气管、抽水机等。

（2）灾后措施。

①排除积水。利用机械、人工及时排水或抽水，促使树木正常生长，降低涝害损失。

②修剪。对刮倒、刮折的枝条，及时进行短剪或疏剪，减少水分和养分消耗，促进其伤口愈合。对修剪伤口要及时涂伤口愈合剂，预防细菌侵染。

③培土扶正。及时扶正歪倒树木，打支撑；裸露根系培土，将沉陷和洼窝的部分填土并踩实。

④翻土晾晒。加快土壤中的水分蒸发，改善土壤透气性。

（三）大风

1. 大风的为害 大风对植物的为害主要包括机械性损伤和生理损害两方面。机械性损伤是指折枝损叶、落花落果、倒伏及断根等；生理损害是指植物水分代谢失调，加大蒸腾，植株因失水而萎蔫。大风易传播病原体，造成植物病虫害蔓延。

2. 大风的预防与灾后措施

（1）预防。

①改善植物生长地环境。对地势低洼的地方及时排水，避免形成积水，使土壤松软；改良栽植地的土壤环境，对偏沙质土进行培土、换土；在风口处，对植物立支柱或采用钢绞线斜拉进行防风固定。

②对高大乔木，特别是两年内新栽乔木，在大风来临前，应加固支撑；对乔木枯黄枝进行清除修剪，防止被风吹落、吹断，对树冠较大的乔木可适当修剪枝条，以减轻树干负担。

③在大风来临前，做好防范工作，停止浇灌，检查新栽树木支撑的稳定性，并对树冠大、浅根性植物采取疏枝和支撑加固等措施。

（2）灾后措施。

①树木扶正与加固。对倒伏的树木，要及时扶正、加固。

②修剪。对于在大风中出现劈裂或折断的树木，要合理修剪。修剪以疏枝、疏叶和短截为主，从而减少树木的水分蒸发。修剪之后，可以根据剪

口大小涂抹愈合剂，在杀菌的同时促进伤口愈合。

（四）火灾

1. 火灾的为害 火灾破坏植物资源和生态环境，严重影响植物生长，威胁人民生命财产安全。

2. 火灾的预防与灾后措施

（1）预防。

①做好防火宣传工作。采取多种形式，加强景区防火宣传。设置园林火灾警示标志，发放消防宣传资料，提高防火意识。

②加强防火管理。加强火源管理，禁止游客携带火源和易燃物品进入景区。

③加强监督检查。对于重点区域，必须确定专人照看，划分区域，责任到人。发生火灾，应快速反应，切实妥善处置。

（2）灾后措施。根据土壤和植被的损伤程度，采取整地、补栽等修复措施加强管护，尽快恢复景观。

第三节 景区生物灾害类型及防治措施

植物与植物、植物与动物之间的生长相互平衡依存，一旦失去平衡，会会造成不同程度灾害，甚至危及生态环境。如盲目引进外来植物会威胁到本土植物生长，破坏生态环境平衡；用高新技术药物捕杀害虫，反而增强它的抗药性，使害虫为害继续扩大，影响植物的正常生长等。

一、常见入侵植物的为害及防治

我国常见的入侵植物有加拿大一枝黄花、葛藤、假高粱等。在景区中常见的有加拿大一枝黄花，生命力强、繁殖迅猛，抢夺养分，严重时会导致其他植物死亡（图 9-1）。

加拿大一枝黄花，又名黄莺、麒麟草，多年生草本植物，1935 年作为观赏植物引入中国，是国家林业和草原局认定的危险性有害生物，名列《中国外来入侵物种名单》（第二批），也是世界自然保护联盟（IUCN）公布的世界百大外来入侵物种名单中的一员。

图 9-1　加拿大一枝黄花

1. 加拿大一枝黄花的为害

（1）繁殖能力强。生长季一株就能产出 2 万多粒种子，且种子随风飘移，容易大范围扩散。此外，加拿大一枝黄花根茎可无性繁殖，像竹子的根一样，在地下四处蔓延，两三年就能迅速成片。

（2）为害本土植物。具有极强的生长竞争能力，被称为“生态杀手”“霸王花”等，会跟本土植物抢夺水分、营养、生长空间，造成本土植物消亡。

（3）影响生态环境平衡。生态环境适应能力极强，目前，在国内没有天敌，对生态环境平衡及生物多样性造成严重的威胁。

2. 加拿大一枝黄花的防治措施

（1）严格控制外来途径。引进新品种新植物的过程中，加强植物检疫工作，从源头控制入侵植物。

（2）发现后，应立即拔除，翻除根系。拔除期间，针对花期植株应先剪除花序后集中收集，在条件允许的情况下铺设地面覆盖物，防止种子散落土壤进行繁殖生长。收集后，采取翻地挖根的措施，将根系彻底清除，最后进行焚烧处理，防止继续扩散传播。

（3）标记复除。在发现的地方及周边区域，进行标记和建档。第一年清理后，第二年要继续跟进观察，发现新植株及时清理，直到灭绝不再有新植株的出现。

（4）化学防除。选用化学药剂进行复配防除。

二、常见入侵害虫的为害及防治

我国常见的入侵害虫有美国白蛾、松突圆蚧等，繁殖速度快、适应性强、为害范围广。由于害虫的入侵，导致植株的枝叶受损，光合作用的有效叶面积减少，致使整个树势变弱。针对不同的害虫采取有效的防治措施，遏制其蔓延扩散及其他为害，将为害降到最低限度。

美国白蛾是重点管控的外来入侵物种，被列入我国林业和进境植物检疫性有害生物名单（图 9–2）。

图 9–2　美国白蛾

1. 美国白蛾的为害

（1）为害大，传播途径广。为害主要是幼虫取食植物叶片，其取食量大，严重时能将寄主植物叶片全部吃光，并啃食树皮，从而削弱树木的长势，严重影响树木的生长。

（2）适应性强，繁殖量大，具有暴食性。美国白蛾 1 年繁殖 3 代，对恶劣环境具有极强的适应性，耐寒冷、耐高温、耐饥饿。

（3）食性杂。美国白蛾是典型的多食性害虫，可取食为害绝大多数阔叶树及灌木、花卉、蔬菜、农作物、杂草等，对景区植物造成严重的为害。

2. 美国白蛾的防治措施

（1）检疫措施。加强检疫是防止美国白蛾长距离迁移的关键手段。强化对疫区林产品的检疫，凡是从疫区调出的苗木、交通工具等均应实施严格检疫，发现疫情立即采取除害处理，从源头上防止疫情的扩散蔓延。

（2）人工防治。

①卵期防治：用人工摘除的方法，将带卵的叶片摘除，集中销毁、深埋处理。

②幼虫期防治：根据美国白蛾4龄幼虫前吐丝结网并聚集在网幕中取食的特性，发现网幕后，剪除并就地销毁。

③成虫期防治：越冬代成虫发生较整齐，飞翔力弱，清晨和傍晚多栖息在树干、草地上，可进行人工捕杀。

（3）物理防治。利用美国白蛾成虫的趋光性，以黑光灯进行成虫诱杀，减少成虫交尾和产卵。在成虫期，于距地面2~3m高处悬挂杀虫灯，夜间开灯诱杀成虫。

（4）生物防治。利用天敌防治，美国白蛾的捕食性天敌有：蜘蛛、步甲、草蛉、瓢虫、螳螂及鸟类、两栖类等，可加以保护和利用。

（5）应用微生物防治。应用细菌防治美国白蛾，可采用飞机低容量喷雾和人工地面喷雾，平均防治效果在96%以上。为保证速效，常采用苏云金杆菌+阿维菌素复配制剂。

（6）化学防治。在美国白蛾大发生时，每年5~6月的第1代幼虫期，是化学防治的关键时期。防治方法详见本书中病虫害章节。

第十章　园林垃圾资源化处理

一、园林垃圾的定义

园林废弃物，也称为园林垃圾或绿色垃圾，是指园林植物自然凋落或人工修剪所产生的植物残体，主要包括树叶、草屑、树木与灌木剪枝等，其主要成分为木质纤维。这些园林绿化废弃物因含有丰富的有机物和营养物而不同于日常生活、医用、工业生产等垃圾。

二、园林垃圾资源化处理的意义

园林绿化垃圾通常的处理方法是破碎后直接填埋或者焚烧，不仅占用大量土地，加剧环境污染，还易引发安全隐患。因此，对于园林绿化废弃物的资源化利用，是当前提升园林绿化建设水平的紧迫需要。

因园林绿化废弃物主要成分多为可降解的有机物质，是不可多得的可利用资源，具有极大的利用价值。如将树枝、树叶、草屑等进行堆置发酵深加工后可用作植物育苗、花卉栽培基质；粒径较大的处理物可用于树埯和裸露土地的覆盖，保墒且防止扬尘；可添加厩肥或其他肥分物质等加工制成有机肥，用于园林绿化和农业生产等。不仅能解决相关的环境问题，更能从中获得一种新的优质资源。

另外，还可以将其与园林小品相结合，制作不同风格的园林艺术品，以另一种方式延续观赏价值。

三、园林垃圾资源化处理方法

园林垃圾资源化利用的主要方法有堆肥、覆盖物、园林艺术品等。

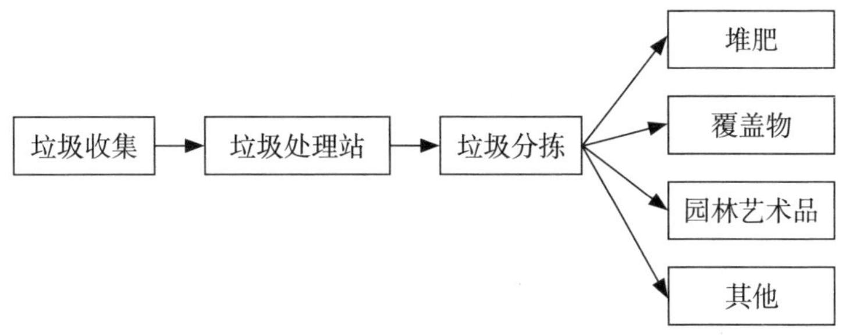

（一）堆肥

将枯枝落叶进行粉碎后，在适当条件下经过发酵，形成有机肥料。其所含营养物质比较丰富，且肥效长而稳定，同时有利于促进土壤团粒结构的形成，能增加土壤保水、保温、透气、保肥的能力，起到改良土壤作用，常作基肥用。由于其质地轻，透水透气性好，含营养成分较高，也常用作盆花栽培基质材料。

（二）覆盖物

园林绿化废弃物经炭化等处理后可铺设在植物土壤裸露面，为园林植物生长提供适宜的土壤结构，维持土壤温度和湿度，抵抗病虫害。与沙、石等覆盖物相比较，园林覆盖物在透气性、维持土温方面有更强的优势，可有效避免景区绿地裸露，作为介质保证了树木与外界环境接触，透气、透水。其中的有机废弃物在分解过程中产生的养分进入土壤，有利于改良土壤。

（三）园林艺术品

园林废弃物经过物理改造，可以成为具有艺术与观赏价值的园林景观小品。例如利用绿化废弃物打造地景艺术作品，可增加冬季园林景观趣味。

（四）生物质能源

开发生物质能源是当下有效减轻温室效应的措施之一。园林绿化废弃物可作为辅助材料与燃煤混合燃烧，可降低燃料投入成本，减少灰尘沉积，提高燃烧效率。

（五）食用菌栽培基质

园林枯枝及修剪枝或经粉碎可作食用菌类的栽培基质，食用菌能再次吸收绿化废弃物中的纤维素与木质素以产出高质菌，例如制作食用菌菌棒生产蘑菇或木耳等菌类产品（图 10–1）。

图 10-1 食用菌菌棒

（六）压缩板

压缩板是用园林废弃物产出的碎木、木屑、竹子等原料和化学胶水等物质，按照一定比例经机器压制而成的。

四、垃圾处理站建设

（一）收集运输要求

（1）根据所在地区内植物生长周期、养护计划、修剪操作特点、自然条件等情况，安排收集计划和工序，充分做好收集人员安排和作业工具、车辆、场地、加工设备等准备工作。

（2）根据园林绿化植物的分布情况，采取就近收集原则，合理建立所在地区内的收集点和收集物流路线图，可以设置移动收集点和固定收集点，也可建立集中收集的中转站。

（3）针对园林绿化植物废弃物类别、枝条粗细或用途不同，宜在收集地进行简单分类、捆扎、压缩或初步粉碎等预加工后再进行运输。受病菌或虫体为害的废弃物应当单独收集，再进行特殊预处理。应将非植物材料分拣剔除，不得混入土、石块、金属材料、花盆等园艺装饰用材料及塑料等非植物性材料。

（4）在收集或运输过程中应采取措施，确保园林绿化植物废弃物不被重金属、油污等污染。园林绿化植物废弃物处置场内外应安全运输。

（二）处置场地

（1）应先根据本地区内绿化植物废弃物产量及季节性影响程度规划场

地。场地选址应最大限度地降低运输和建设成本。

（2）场地布局应遵循绿化植物废弃物处理顺序。处置场应远离生活区、景点且交通便利，运输距离合理。

（3）处置场宜建设成硬质地面并有挡雨的顶棚，有固定的建筑设施更佳。

（三）机械配置

一般配置有粉碎机、染色机、烘干机等机器，根据粉碎要求和处置能力确定粉碎机类型和功率大小。

（四）安全管理

（1）处置场应具备完善的安全生产规章制度和岗位操作流程。处置厂区应有明显的禁烟、防火标识，配备相应的消防措施，并定期检查消防器材的有效期。

（2）工作人员需定期开展消防安全培训。场地内应建立发生火灾、机械伤人等重大事故时的应急预案。

五、三种常用的园林垃圾处理方法

园林垃圾资源化处理方式有很多，下面将重点介绍三种常用的园林垃圾资源化处理方法，分别是堆肥、园林覆盖物和园林艺术品。

（一）堆肥

堆肥的原理就是利用微生物天然的分解能力，把各种堆肥的材料（例如畜禽粪便、杂草、落叶等）的大分子物质分解成较小分子养分以便植物吸收。

1. 堆肥流程

（1）原料收集。以园林废弃物（例如枯枝败叶、乔灌木修剪物或间伐物、茎蔓、草坪修剪物等）为主料，辅料可选择畜禽粪便、氮肥、豆渣、微生物菌剂等。

（2）原料处理。将园林废弃物进行适当粉碎处理，粉碎粒径以 1 ~ 2cm 为宜。

（3）原料混合。将粉碎的碳源材料如干叶、锯末、木屑等成分通常富含碳（C）摊开，干物料需要均匀喷水；将氮源材料如草屑、鸡粪、牛粪等富含氮（N）和帮助分解的微生物菌剂（如喜氧类的丝状菌、酵母菌、纳豆菌、放线菌等）混合，撒在碳源材料上，搅拌均匀；调整含水量在45%～65%，即手握材料将要有水渗出而未渗出。

（4）建堆。将混匀的材料进行堆砌，宽度1.5～2.0m，高度1.0～1.5m。高度大于2.0m时，下部压力过大，内部通风不良，容易厌氧发酵，且不好翻堆；高度小于1.0m时，保温性较差，不利于高温发酵。

（5）水分调节。发酵过程中会消耗大量水分。水分保持在60%～65%，低于30%或高于70%都会使发酵停止。含水量过低应及时补充水分；若含水量过高，可将材料摊开晾晒或添加干料。检测水分含量的简易方法是向堆体插入干燥的木棍，若木棍潮湿，则无须加水；如木棍干燥，则需要补水。

（6）翻堆。翻堆是将原先在外层的物料翻到堆垛中心去，原先在堆垛中心的物料翻到外面来。翻堆有助于改善空气流通，并使微生物在整个肥堆中均匀分布，从而加快分解速度。为保证堆肥内部和外部充分发酵、腐熟均匀，每隔3～4周应翻堆一次。通常经过1个年周期后，即可使用。

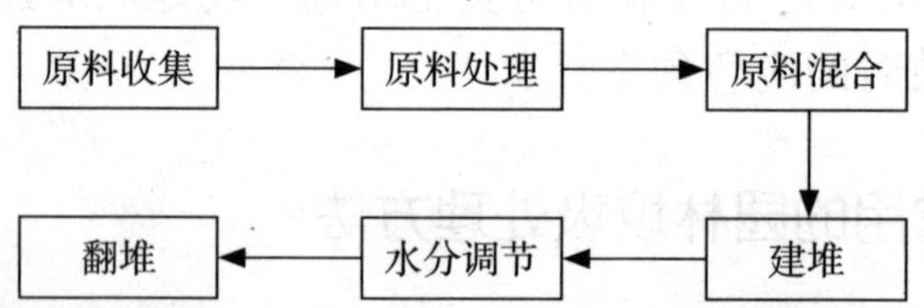

2. 堆肥腐熟的标准

（1）充分腐熟的堆积物一般没有臭气或异味。

（2）堆肥呈暗黑色或褐色，堆积材料柔软腐烂，用手拉捏极易断碎。

（二）园林覆盖物

1. 覆盖物处理流程

（1）材料选择。覆盖材料宜选择不易分解的园林绿化植物废弃物，例如树皮、木片等，禁止将有病虫害的绿化植物废弃物用于覆盖。

（2）粉碎。粉碎后的木屑长度应控制在3～8cm，根据覆盖物形状和粒径大小的需要，处置加工的木料，大小宜符合以下要求：

①粒状覆盖物最小粒径≥2cm。

②片状覆盖物长度3～8cm。

③作景观小径铺设宜用5～8cm。

（3）染色。将粉碎好的木屑浸入混有杀菌剂的颜料中浸泡，直到颜料完全浸透木屑。

（4）烘干。将染色完成的木屑放入烘干机内干燥处理。

2. 覆盖物应用

（1）覆盖厚度。常规覆盖厚度应在 2 ~ 10cm，以 5 ~ 10cm 为宜。气候干旱地区可适当增加覆盖厚度，雨水丰富地区可适当降低覆盖厚度。新移植小苗的覆盖厚度宜薄，且可随生长状况渐增覆盖厚度。

（2）覆盖时间。通常全年可进行覆盖，可根据以下情况调整覆盖时间。

①新种植植物后可直接覆盖。

②种植较长时间的植物，每年春末为最佳覆盖季节。

③冬季植物根系保护的覆盖，应在初冬土壤刚刚上冻时铺放覆盖物，早春时如需加快土壤回暖，应将覆盖物及时扫除。

（3）覆盖范围。

①裸地、步道、小径等非植物种植区或植物稀少地区可全覆盖或根据需要覆盖（图 10–2）。

②中、小灌木或多年生花卉，可全覆盖或根据需要覆盖，但覆盖厚度不宜过厚。

图 10–2 地面覆盖

（三）园林艺术品

园林废弃材料的“循环再利用”对于园林建设来说，主要是指将一种或多种废弃材料运用一定的技术手段制造出新颖的可以满足园林建设需求的材料，以使其在园林建设中发挥新的价值。

1. 园林艺术品制作流程

（1）设计。参考相关素材和资料，设计施工图纸。

（2）制作。根据施工图纸，准备相应材料和制作工具，按照步骤进行制作。

（3）安装。确定最佳安装位置，进行安装作业，安装过程中应设置施工警戒线。

2. 园林艺术品常见类型

（1）围挡。结合植物的特点在工作中进行摸索和尝试，采用一些冬季和早春修剪的具有韧性的植物，如竹子、红瑞木、荆条、紫穗槐等枝条做成花境的围栏，不仅低碳环保、简单易行、成本低廉，而且能与自然景观相融，同时有效地起到保护植物的作用（图 10–3）。

图 10–3　围挡

（2）形成地面景观。一般彩叶树种，如银杏、红枫、悬铃木等，秋季落叶满地给保洁带来一定难度，但是合理利用落叶，例如将树叶在地面摆成不同图案，又形成另外一道风景（图 10–4）。

图 10-4　落叶景观

（3）作为栽植容器。可以充当栽植容器。比如在自然景观的建造过程中，可将枯木主干掏空或将枝干截取适当长度围合成容器形状。将营养土填入其中，根据需要种植常春藤、蓝雪花等生长能力较强的藤本类或草本类植物（图 10-5）。

图 10-5　栽植容器

（4）作为游乐设施。还可以将园林废弃物运用于景区一些基础类游乐项目的建设。例如废弃的树干、树根等，通过切割和拼接等技术组合成秋千、跷跷板等，供儿童攀爬嬉戏（图 10–6）。

图 10–6 秋千

（5）地景艺术小品。“地景艺术”是以绿色环保的理念，利用废弃的园林植物材料，通过花艺师、园艺师的深层次技术创新，将园林绿化废弃枝叶进行筛选、处理，巧妙地运用绕、编、夹、钉、压、捆、缝（系）、挂的技法进行制作，通过艺术化的设计，制作成更具社会价值、文化价值和生态价值的地景艺术小品，实现真正意义上的“变废为宝”（图 10–7）。

图 10–7 地景艺术

图 10-7　地景艺术（续）

（6）制作昆虫旅馆。昆虫是一类一直伴随着人们生活却经常被忽略的动物，用园林废弃物制作的昆虫旅馆一方面可以为昆虫提供避难所，另一方面方便进行病虫害巡查，根据昆虫旅馆中的昆虫数量估算不同时期景区各地昆虫密度，提前进行病虫害防治。

参考文献

[1] 陈绍云，马元建 . 观赏植物整形修剪技术［M］. 杭州：浙江科学技术出版社，2008.
[2] 胡长龙 . 观赏花木整形修剪图说［M］. 上海：上海科学技术出版社，1996.
[3] 薛永卿，游文亮 . 中国中州盆景［M］. 上海：上海科学技术出版社，2010.
[4] 孙丹萍 . 园林植物病虫害防治技术［M］. 北京：中国科学技术出版社，2006.
[5] 王润珍，王丽君，侯慧锋 . 园艺植物病虫害防治［M］. 北京：化学工业出版社，2012.
[6] 陈岭伟 . 园林植物病虫害防治［M］. 北京：高等教育出版社，2002.
[7] 黄少彬 . 园林植物病虫害防治［M］. 北京：高等教育出版社，2006.
[8] 岑炳沾，苏星 . 景观植物病虫害防治［M］. 广州：广东科技出版社，2003.
[9] 陶降文，陶泽文，许丽娟 . 花木病虫害防治图册［M］. 长沙：湖南科学技术出版社，2010.
[10] 刘亚敏，张娟，谷国通，等 . 园林植物病虫害防治［J］. 河北林业，2021（010）：37–38.
[11] 杨庆贺，丛晓燕，秦丽红，等 . 园林植物常见病虫害识别［J］. 山东农业大学学报：自然科学版，2022（002）：053.
[12] 王军，刘振华，谷梅红，等 . 浅谈现代城市园林植物病虫害防治应对措施［J］. 河南林业科技，2023，43（1）：43–45.
[13] 武德兵 . 城市园林绿化档案的建立与应用［J］. 城建档案，2013（9）：2.
[14] 祝遵凌 . 园林树木栽培学［M］. 南京：东南大学出版社，2007.
[15] 金雅琴，张祖荣 . 园林植物栽培学［M］. 上海：上海交通大学出版社，2012.
[16] 雷一东 . 园林植物应用与管理技术［M］. 北京：金盾出版社，2019.
[17] 张祖荣 . 园林树木栽培学［M］. 上海：上海交通大学出版社，2017.
[18] 蔡绍平 . 园林植物栽培与养护［M］. 武汉：华中科技大学出版社，2011.
[19] 杜美娥，袁丽伟 . 花卉栽培技术［M］. 成都：电子科技大学出版社，2017.
[20] 郭学望，包满珠 . 园林树木栽植养护学［M］.2 版 . 北京：中国林业出版社，2004.
[21] 柴思宇 . 郁金香花展中球根花卉混栽应用现状调查［J］. 现代园艺，2022，45（9）：4.
[22] 包满珠 . 花卉学［M］.2 版 . 北京：中国农业出版社，2003.
[23] 潘百红 . 园林花卉学［M］. 长沙：国防科技大学出版社，2007.
[24] 宛成刚，赵九州 . 花卉学［M］. 上海：上海交通大学出版社，2008.
[25] 桑丹，蓝悦，杨凡，等 . 国内花海景观分类研究［J］. 福建林业科技，2017，44（2）：6.
[26] 童爱明，黄进，陈小涛 . 花海景观分类与植物种类选择［J］. 林业调查规划，2018，43（4）：5.
[27] 钟莹，吴南生 . 浅议花海植物景观的营造［J］. 南方林业科学，2015，43（4）：3.
[28] 凌勇坚，朱鹏英 . 葡萄风信子栽培技巧［J］. 中国花卉园艺，2018（12）：1.

[29] 孙俊丽 . 浅谈百合花海造景方法 [J] . 花卉，2019（2）：1.
[30] 张明理 . 百合花栽培与养护 [J] . 农业与技术，2003（06）：110–112.
[31] 邹清华 . 百合花的种植与养护技术 [J] . 农村实用技术，2012（10）：1.
[32] 郑宝强，王雁 . 洋水仙栽培管理 [J] . 中国花卉园艺，2010（2）：2.
[33] 张辉，魏钰 . 洋水仙栽培管理 [J] . 中国花卉园艺，2011，000（004）：22–23.
[34] 潘远智 . 园林花卉学 [M] . 重庆：重庆大学出版社，2021.
[35] 杨佳鑫，单承康 . 园林景观中花海植物的选择与搭配浅析 [J] . 现代园艺，2021，44（20）：2.
[36] 刘秀娟 . 观赏草及一二年生花卉在园林绿化中的应用 [J] . 城市建设理论研究：电子版，2011（16）.
[37] 朱慧芬，张长芹，龚洵 . 植物引种驯化研究概述 [J] . 广西植物，2003，23（1）：9.
[38] 孙青竹 . 浅谈园林植物中引种驯化方向的分析 [J] . 农业与技术，2021，41（10）：3.
[39] 谢孝福. 植物引种学 [M]. 北京：科学出版社，1994.
[40] 李国庆，刘君慧. 树木引种技术 [M]. 北京：中国林业出版社，1982.
[41] 祝遵凌 . 园林树木栽培学 [M] .2 版 . 南京：东南大学出版社，2015.
[42] 罗镪，秦琴 . 园林植物栽培与养护 [M] .3 版 . 重庆：重庆大学出版社，2016.
[43] 郭学望，包满珠 . 园林树木栽植养护学 [M] .2 版 . 北京：中国林业出版社，2004.
[44] 黄愉婷 . 园林景观设计中的废弃物再利用 [J] . 花卉，2019（24）：2.

图书在版编目（CIP）数据

景区园林养护管理技术 / 张永芝主编 . —郑州：河南科学技术出版社，2023.9（2025.7重印）
ISBN 978-7-5725-1346-6

Ⅰ . ①景… Ⅱ . ①张… Ⅲ . ①风景区—园林植物—植物保护 Ⅳ . ① S436.8

中国国家版本馆 CIP 数据核字（2023）第 192460 号

出版发行：河南科学技术出版社
地址：河南自贸试验区郑州片区（郑东）祥盛街27号 邮编：450016
电话：（0371）65787028 65788613
网址：www.hnstp.cn
策划编辑：陈 艳 杨秀芳
责任编辑：陈 艳
责任校对：臧明慧 丁秀荣
封面设计：张德琛
责任印制：徐海东
印 刷：三河市腾飞印务有限公司
经 销：北京中图猫文化传媒发展有限公司
开 本：720 mm × 1 020 mm 1/16 印张：14 字数：240千字
版 次：2023年9月第1版 2025年7月第2次印刷
定 价：158.00元